DEUTSCHE AKADEMIE DER WISSENSCHAFTEN ZU BERLIN

Veröffentlichungen des Geodätischen Institutes in Potsdam

Nr. 2

DER 24 m-INTERFERENZKOMPARATOR DES GEODÄTISCHEN INSTITUTES IN POTSDAM

VON

F. MÜHLIG

1949

AKADEMIE-VERLAG · BERLIN

Erschienen im Akademie-Verlag GmbH., Berlin NW 7, Schiffbauerdamm 19
Lizenz-Nr. 156 · 4588/49 — 5487/49
Gedruckt in der Buchdruckerei F. Mitzlaff, Rudolstadt i. Thür. (294)
Bestell- und Verlags-Nr. 2016/2
Preis: 7.— DM

Inhalt

Vorwort

Beginnend im Jahre 1937 wurde während der Dauer des Krieges im Geodätischen Institut in Potsdam an der Konstruktion eines 24-m-Interferenzkomparators zum Eichen von Invar-Basisdrähten gearbeitet. Die Schwierigkeiten in der Materialbeschaffung und die durch die Zeitumstände bedingten langen Lieferzeiten der optischen Teile haben die Arbeiten sehr verzögert. Eine ernste, mit den Interferenzerscheinungen an sich nicht zusammenhängende Schwierigkeit trat weiter unerwartet in der örtlich sehr starken seismischen Bodenunruhe auf; diese verhinderte es, daß der Apparat in Potsdam durch Messungen bis zu 24 m erprobt werden konnte.

Wenn der Apparat infolge der soeben genannten Schwierigkeiten auch nur als Erstlingsmodell existiert und nur Entfernungen bis zu 12 m damit gemessen werden konnten, so haben doch die damit gewonnenen Erfahrungen und Messungsresultate seine Brauchbarkeit erwiesen. Dies und der Umstand, daß eine Weiterführung dieser Arbeiten unter den gegenwärtigen Verhältnissen in absehbarer Zeit kaum möglich sein wird, dürfte als genügende Rechtfertigung dafür gelten, daß die wichtigsten bei der Entwicklung des Apparates gewonnenen theoretischen Ergebnisse und praktischen Erfahrungen veröffentlicht werden zu einem Zeitpunkt, in dem manche dem Apparat noch anhaftenden Kinderkrankheiten wohl erkannt, aber noch nicht beseitigt werden konnten.

Dem mit der Theorie bzw. der Praxis der Interferenzmessungen nicht vertrauten Leser wird vielleicht die im Anhang gegebene kurze Darstellung der wichtigsten Interferenzerscheinungen willkommen sein. Dem Interferenz-Praktiker sagt dieser Anhang natürlich nichts Neues.

Bei den ersten, der Einarbeitung und Sammlung von Erfahrungen dienenden Versuchen wurde der Unterzeichnete von den Herren Professor Dr. Lehmann und Dr. Reicheneder unterstützt. Der Institutswerkstatt unter Leitung des Herrn Mechanikermeisters Fechner gebührt für das verständnisvolle Eingehen auf meine Konstruktionswünsche mein Dank. Bei der Justierung der Spiegel und anderen praktischen Hilfeleistungen sowie beim Protokollieren während der Messungen war mir Frau Degener eine große Hilfe.

F. Mühlig

Einleitung

Die Verwendung der Lichtinterferenzen zu Längenmessungen, die in der Technik in so ausgiebigem Maße stattfindet und ohne die die moderne Meßtechnik und Präzisionsmechanik kaum denkbar ist, hat in der Geodäsie bislang nur wenig Eingang gefunden. Dies liegt nicht daran, daß die Geodäsie keine Aufgaben böte, die zur Anwendung der Lichtinterferenzen reizten — bei einer Disziplin, in der Längenmessungen mit im Vordergrund stehen, wäre das auch höchst verwunderlich — auch nicht daran, daß die Geodäsie bei ihren Feldmessungen auf manche im Laboratorium anwendbaren Einrichtungen und Vorsichtsmaßregeln verzichten müßte, sondern in einer den Lichtinterferenzen anhaftenden, von der Natur selbst als unübersteigbare Schranke aufgerichteten Schwierigkeit: Über eine gewisse Grenze der Entfernung hinaus kommt infolge der physikalischen Natur der Lichtquelle kein Interferenzstreifen-System zustande.

Auf die physikalischen Ursachen dieser Eigenschaft der Lichtinterferenzen ist hier nicht einzugehen, die Lektüre der entsprechenden Kapitel jedes einigermaßen ausführlichen Physikbuches gibt hierüber genügende Aufklärung[1]). In der Praxis erweist sich zur Zeit höchstens eine Strecke von 25 cm den direkten Interferenzmessungen zugänglich; dabei sind die für solche Messungen von der Industrie gelieferten Apparate in der Handhabung derartig einfach, daß die Messungen von jedem einigermaßen damit vertrauten Techniker rasch und sicher ausgeführt werden können. Aber diese bis zum letzten durchdachten, einfach zu handhabenden Apparate bzw. die ihrer Konstruktion zugrunde liegenden Prinzipien nutzen den geodätischen Längenmessungen nichts, da es sich im allgemeinen um wesentlich größere Entfernungen handelt; auch die durch verschiedene Kunstgriffe erreichte Verschiebung der oben angegebenen Entfernungsgrenze von 25 cm auf etwa 1 m bringt der Geodäsie keinen nennenswerten Gewinn. Will sich die Geodäsie zu ihren Längenmessungen im Gelände also der Interferenzmessungen bedienen, so kann dies jedenfalls nicht in der einfachen Art der Erzeugung der Fizeauschen Streifen oder Haidingerschen Ringe geschehen, deren Verwendung die Apparate der Technik ihre leichte und sichere Handhabung verdanken. Man muß das Ziel auf Umwegen erreichen, und diese Umwege haben bisher zu einer solchen Komplikation der Apparaturen geführt, daß im wesentlichen nur aus diesem Grunde eine ausgiebige Verwendung der Lichtinterferenzen in der Geodäsie unterblieben ist. Ein Umstand soll hierbei noch hervorgehoben werden, der bei der Würdigung dieser Schwierigkeiten häufig nicht beachtet wird: Die Genauigkeit, die man mittels Interferenzmessungen erreicht, ist im allgemeinen viel höher, als es die geodätischen Zwecke erfordern. Man könnte nun meinen, die Komplikation im Aufbau der Apparaturen zu vermindern, wenn man sich von vornherein eine geringere Genauigkeitsgrenze zum Ziele setzt. Das ist jedoch nur in gewissem, sehr bescheidenem Maße richtig. Es zeigt sich nämlich, daß die Lichtinterferenzen eine solche Verringerung der erstrebten Genauigkeit aus leicht nachzuweisenden Gründen damit beantworten, daß die Streifensysteme dann kaum meßbar bzw. ganz unsichtbar werden.

Die Wege, deren man sich zwecks Erweiterung der von der Natur gesetzten Grenze der Anwendbarkeit der Interferenzmessungen bedienen kann, sind in der Physik an sich seit langem bekannt. Wenn man Entfernungen beliebiger Größe mittels Lichtinterferenzen auch nicht direkt messen kann, so ist dies doch in gewissem Umfang möglich für den Unterschied zweier beliebig großer Längen. Das Prinzip einer solchen Messung wäre folgendes:

Die beiden zu vergleichenden Längen e_1 und e_2 (Abb. 1) sind durch je zwei verspiegelte Glasplatten festgelegt. Auf den in a) skizzierten Wegen sendet man Licht einer geeigneten Spektrallinie; die heraustretenden Lichtstrahlen bringt man dann in geeigneter Weise zur Interferenz. Hierbei kommt es nun — und das ist der wesentliche Gesichtspunkt, der die Anwendbarkeit auf

[1]) Im Anhang wird diese Frage kurz gestreift.

beliebige Entfernungen zuläßt — nur auf den Unterschied der Wege der beiden Lichtstrahlen an. Solange dieser jetzt nur innerhalb der der angewandten Spektrallinie eigentümlichen Grenze der Interferenz-Fähigkeit liegt, tritt das Interferenzstreifensystem auf und gestattet den Unterschied der Lichtwege, also letzten Endes $e_1 - e_2$ auf dieselbe Art zu messen, wie man eine entsprechende Länge direkt messen würde, während natürlich e_1 oder e_2 direkt gar nicht zu messen wäre. In der Form des „multiplikativen" Verfahrens (b) kann man auf diese Weise das n-fache einer noch direkt meßbaren Entfernung mit dieser letzteren vergleichen und damit e_2 durch direkte Messung des Unterschiedes $e_2 - n e_1$ aus dem anderweitig gemessenen e_1 finden.

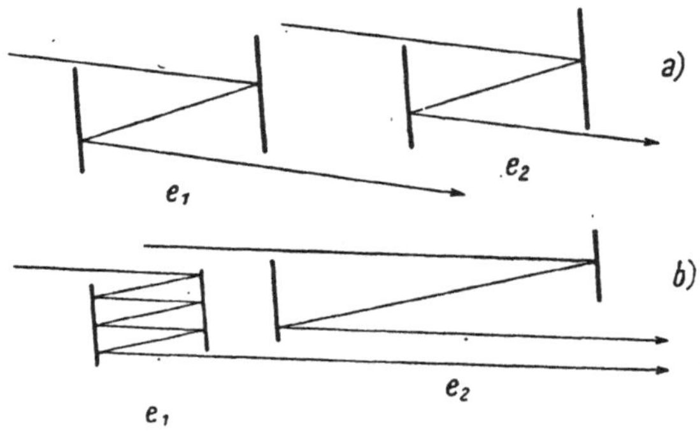

Abb. 1

Bei der Messung mittels Interferenzen verursacht nun immer die Bestimmung der Ordnungszahl des beobachteten Streifens eine gewisse Schwierigkeit; die Natur liefert uns wohl in dem Interferenzstreifensystem eine exakte Maßstabseinteilung, aber keine Bezifferung der einzelnen Teilstriche. Diese Schwierigkeit läßt sich zwar durch bekannte Kunstgriffe (Verwendung verschiedener Spektrallinien, d. h. verschiedener Maßstabseinheiten) beseitigen, setzt aber, wenn sie nicht zu gar zu weitläufigen Nebenbeobachtungen führen soll, einen einigermaßen zutreffenden Näherungswert der zu messenden Entfernung voraus. Bei dem soeben behandelten Prinzip der Vergleichung zweier großer Entfernungen wird man diesen Näherungswert nicht immer besitzen oder in einfacher Weise beschaffen können; auch verbietet sich häufig der Kunstgriff der Anwendung verschiedener Spektrallinien wegen der Lichtschwäche der hierfür in Frage kommenden Lichtquellen. Man verwendet daher bei Messungen dieser Art kontinuierliches weißes Licht, indem man von dem Umstand Gebrauch macht, daß bei Verwendung von weißem Licht ein auf wenige Streifen beschränktes Streifensystem nur entsteht in der Nähe des Gangunterschiedes Null der beiden interferierenden Strahlen; insbesondere ist für das exakte Vorhandensein des Gangunterschiedes Null im Normalfalle das Auftreten eines achromatischen, weißen Streifens an der Stelle, an der zwei Strahlen mit Gangunterschied Null zusammentreffen, und nur an dieser, charakteristisch. Bei Verwendung dieses Meß-(eigentlich mehr Vergleichs-)prinzips muß man natürlich von vornherein e_2 nahe gleich $n e_1$ machen, was bei größeren Entfernungen eine gewisse Schwierigkeit mit sich bringt bzw. zu mehr oder weniger weitläufigen Vorbereitungsbeobachtungen zwingt.

Unter Verwendung des soeben auseinandergesetzten allgemeinen Prinzips sind nun zur Messung größerer Entfernungen verschiedene Apparaturen gebaut worden, von denen die historisch ältesten zunächst nur zum Zwecke der Auswertung des Meters in Lichtwellenlängen bestimmt waren.

Der älteste dieser Apparate ist das von Michelson benutzte Interferometer, das außer durch die mit ihm durchgeführte Eichung des Meters durch den Michelson-Versuch Berühmtheit erlangt hat. Auf dieses Interferometer soll hier nicht näher eingegangen werden, seine Arbeitsweise ist in den Physikbüchern genügend auseinandergesetzt. Zur Messung größerer Entfernungen unter feldmäßigen Bedingungen ist es wohl kaum geeignet. Für solche Zwecke wurde von Stulla-Götz[1]) eine Abänderung vorgeschlagen, die aber praktisch nicht erprobt worden zu sein scheint.

Zeitlich folgt diesem Interferometer der Apparat von Fabry und Perot, mit dem diese die zweite Eichung des Meters in Lichtwellenlängen durchgeführt haben. Da er die Grundlage für den im Geodätischen Institut konstruierten Apparat abgegeben hat, soll sein Prinzip sowie auch die Theorie der dabei verwendeten Interferenzerscheinung gleich hier kurz auseinandergesetzt werden. Fabry und Perot gehen aus von einem Etalon von rund 62,5 mm Länge, der direkt in Wellenlängen ausgemessen wird. Durch fortlaufende Verdoppelung erreichen sie dann schließlich die Länge von 1 m. Für diese Verdoppelungen verwenden sie das Prinzip der „Überlagerungsstreifen". Zwei durch je zwei halbdurchlässig verspiegelte parallel zueinander stehende Glasplatten

---

1) Stulla-Götz, Ztschr. f. Instr.kde., **52**,521; 1932.

festgelegte Etalons (deren Längenverhältnis hier speziell nahe 1 : 2 ist) werden hintereinandergesetzt und ein Bündel parallelen weißen Lichtes hindurchgesandt. Zwischen zwei solchen, in sich parallelen Etalons lassen sich nun auf verschiedene Weise Interferenzerscheinungen im weißen Licht hervorrufen und zur Messung benutzen. Setzt man die Etalons parallel hintereinander, so entstehen von einer Lichtquelle L (Abb. 2) durch die aufeinanderfolgenden Reflexionen — die Reflexionen zwischen zwei nicht zum gleichen Etalon gehörigen Platten bleiben hier unberücksichtigt — die virtuellen Lichtquellen L_1', L_1'', L_1''' . . . und L_2', L_2'' . . . ; dabei ist $L L_1' = L_1' L_1'' = \ldots = 2 e_1$, $L L_2' = L_2' L_2'' = \ldots = 2 e_2$. Ist e_2 nahe (bis auf wenige Wellenlängen) gleich $2 e_1$, so liegen L_1'' und L_2', L_2'' und $L^{(IV)}$ . . . nahe beieinander. Die von ihnen herrührenden kohärenten Strahlen haben also einen sehr geringen Gangunterschied, können daher unter Umständen im weißen Licht zu Interferenzerscheinungen Anlaß geben. Der Gangunterschied ist dabei für alle unter gleichem Einfallswinkel gegen die gemeinsame Plattennormale verlaufenden Strahlen der gleiche, so daß bei Beobachtung in Richtung der Plattennormale mit auf Unendlich eingestelltem Fernrohr die Interferenzerscheinung in konzentrischen Ringen bestehen muß. Der Abstand dieser Ringe verschiedener Ordnungszahlen ist indessen so groß, daß man bei dem beschränkten Gesichtsfeld des Fernrohrs nur eine einförmige, je nach dem Unterschied $2 e_1 - e_2$ verschiedene Färbung wahrnimmt, die zur exakten Messung nicht zu verwenden ist. Man kann daher diese Anordnung nur so verwenden, daß man — durch Verschieben einer Etalon-Platte — etwa e_2 so verändert, daß $e_2 \doteq 2 e_1$ wird; dieser Zustand wird durch das Auftreten eines durchgängig weißen a c h r o m a t i s c h e n Gesichtsfeldes definiert. Fabry und Perot haben dieses Prinzip nur zu Spezialuntersuchungen, nicht zur eigentlichen Messung, benutzt.

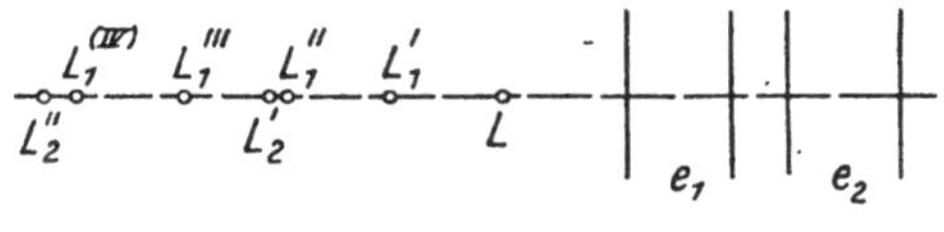

Abb. 2

Ist der Unterschied $2 e_1 - e_2$ erheblich größer als einige Wellenlängen, so kann ohne weitere Vorkehrungen im weißen Licht überhaupt keine Interferenzerscheinung auftreten. Man kann diese jedoch erhalten, wenn man das durch die Platten gelaufene Licht durch einen „Meßkeil" sendet. Ein solcher Meßkeil besteht aus zwei halbdurchlässig verspiegelten, eine dünne keilförmige Luftschicht begrenzenden Glasplatten, in der Praxis also aus zwei verspiegelten Glasplatten, die auf der einen Seite mit den verspiegelten Flächen sich berührend zusammenliegen, auf der anderen durch eine dünne Zwischenlage von Stanniol (Größenordnung etwa einige 10 μ) getrennt sind. Der später gegebenen Theorie dieses Meßkeils vorgreifend sei hier kurz seine Wirkungsweise angegeben: Sendet man durch einen solchen Meßkeil ein Bündel parallelen weißen Lichtes, das seinerseits aus zwei einen Gangunterschied gegeneinander aufweisenden Teilbündeln besteht, so tritt gerade an der Stelle des Meßkeils, an der die Dicke seiner Luftschicht gleich dem Gangunterschied der Teilbündel ist, das Streifensystem des weißen Lichtes auf; insbesondere liegt der achromatische Streifen des Gangunterschiedes Null gerade an der Keildicke k, die gleich $2 e_1 - e_2$ ist. Zur Messung hat man also nur den Keil in seiner Längsrichtung zu verschieben und das Auftreten des Streifensystems zu beobachten; erscheint der achromatische Streifen bei der Keildicke k (wobei die Eichung des Keils durch besondere Messungen auszuführen ist), so hat e_2 den Wert

$$e_2 = 2 e_1 \pm k .$$

Das Vorzeichen von k muß durch besondere, keine Schwierigkeiten bietende Kunstgriffe bestimmt werden. Nach diesem Prinzip haben Fabry und Perot ihre fundamentale Metereichung durchgeführt.

In neuerer Zeit haben Sears u. Barrell[1]) diese Messungen wiederholt, wobei sie eine schon von Fabry und Perot angegebene Abwandlung des ursprünglichen Meßprinzips anwandten. Dieses Meßprinzip wird bei dem Apparat des Geodätischen Instituts ebenfalls angewandt, eine kurze Erläuterung desselben wird daher schon hier von Nutzen sein. Man kann den Meßkeil sparen und trotzdem eine zu Meßzwecken geeignete Interferenzerscheinung erhalten, wenn man den Parallelismus zwischen den beiden Etalons aufgibt, sie im Gegenteil gegeneinander ein wenig neigt (Brewstersche Interferenzerscheinung). Die Lage der den Strahlengang durch die Platte ersetzen-

[1]) Sears u. Barrell, Phil. Trans. Royal Soc. of London, **231**; 1933.

den virtuellen Lichtquellen (soweit sie hier in Frage kommen) zeigt jetzt Abb. 3. Es ist wieder $L L_1'' = 4 e_1$, $L L_2' = 2 e_2$; α ist der Winkel zwischen beiden Plattennormalen. Der Gangunterschied Null herrscht auf der Mittel-Normalebene zu $L_1'' L_2'$. Im Gegensatz zu dem Fall parallel zueinander justierter Etalons ist aber jetzt der Abstand der Interferenzstreifen aufeinanderfolgender Ordnungen bei einigermaßen beträchtlicher Dicke der Etalons (einige Zentimeter) so erheblich geringer, daß die ganze Erscheinung im Gesichtsfeld des auf Unendlich eingestellten Fernrohrs beobachtet und zu Meßzwecken verwendet werden kann. Die Messung des Winkels α, dessen Kenntnis erforderlich ist, wird im allgemeinen mechanisch erfolgen. Hierin liegt eine gewisse Schwierigkeit für die Anwendung dieser Methode zur Messung erheblich größerer Längen als 1 m. Eine Abänderung dieses Verfahrens, das die mechanische Messung des Winkels α vermeidet, hat CABRERA[1]) angegeben.

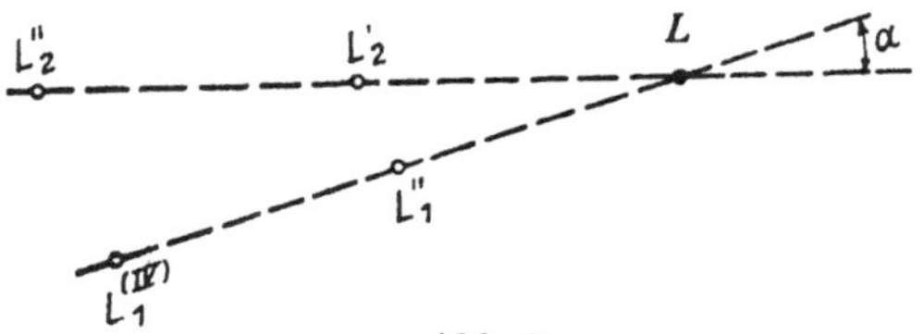

Abb. 3

Eine besonders im Hinblick auf die Verwendung für geodätische Messungen bedeutsame konstruktive Änderung des ursprünglichen FABRY-PEROTschen Apparates ist nun von den Japanern WATANABE und IMAIZUMI angegeben worden[2]). Wegen der störenden der Interferenzerscheinung im Meßkeil sich überlagernden Helligkeit des durch die Etalons direkt hindurchgegangenen Lichtes können höhere Multiplikationszahlen als 2 kaum angewendet werden. Man kommt also nur sehr langsam zu größeren Entfernungen. WATANABE und IMAIZUMI vermeiden diesen Übelstand durch eine besondere, zonenweise Verspiegelung der Etalonplatten, die samt dem angewandten Strahlengang ohne weiteres aus Abb. 4 hervorgeht. Es ist ihnen auf diese Weise gelungen, zur Messung brauchbare Interferenzstreifen im Meßkeil noch bei $n = 16$ zu erhalten. Sie haben auf dieser Basis einen Komparator konstruiert, mit dem sie, allerdings unter erheblichem experimentellen, für geodätische Zwecke wohl kaum in Frage kommenden Aufwand eine Strecke von 500 m mit großer Genauigkeit gemessen haben.

Als letzter der mit kontinuierlichem, weißem Licht arbeitenden Interferenz-Komparatoren ist der von VÄISÄLÄ konstruierte zu nennen. Er weicht insofern von den bisher geschilderten Apparaten ab, als er zur Erzeugung der Interferenzerscheinung die Beugung heranzieht. Der Strahlengang ist im Prinzip (praktisch wird in der endgültigen Form des Apparates ein wesentlich günstigerer Strahlengang verwendet) folgender (Abb. 5): Ein Kollimator sendet durch eine mit zwei Löchern versehene Blende zwei Bündel parallelen weißen Lichtes aus, die auf den in der Abbildung angedeuteten Wegen zwischen den vier zueinander parallel stehenden Spiegeln hin und zurück reflektiert werden. Vereinigt man die beiden parallel zueinander austretenden Bündel in einem auf Unendlich eingestellten Fernrohr und ist genau $n e_1 = e_2$ (in der Abbildung ist $n = 3$), so sieht man die bekannte FRAUNHOFERsche Beugungserscheinung am Doppelspalt im weißen Licht, d. h. das Beugungsbild der Blende ist von Interferenzstreifen senkrecht zur Verbindungslinie der Blendenlöcher durchzogen. Die Interferenzstreifen verschwinden, falls $n e_1$ von e_2 mehr als einige λ abweicht, so daß also umgekehrt das Auftreten der Streifen ein Zeichen für die Gleichheit von $n e_1$ und e_2 ist. Die Ausgangsentfernung ist beim VÄISÄLÄschen Komparator ein Quarzmeter, dessen Länge durch Eichung bestimmt wird.

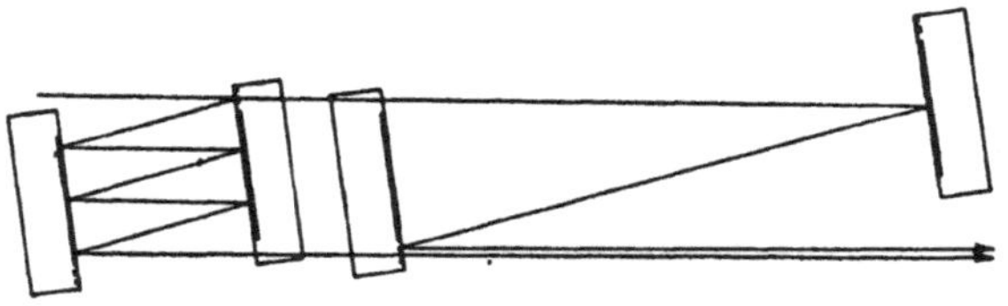

Abb. 4

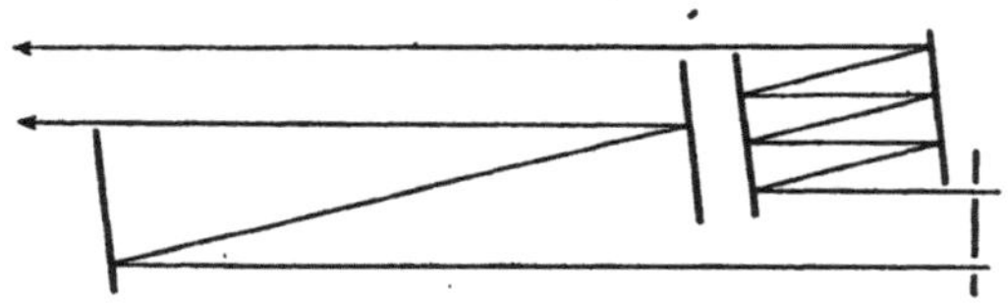

Abb. 5

[1]) N. CABRERA et J. TERRIEU, Sur les franges . . . L'optique théor. et instr. 1941, S. 35—46. Bespr. in Phys. Ber. 21.1375; 1943.

[2]) WATANABE u. IMAIZUMI, Procès Verbaux 1929, Comité Internat. des Poids et Mesures.

Eine beachtenswerte Verbesserung des VÄISÄLÄschen Apparates ist von WARLICH u. SCHWARZ[1]) unter dem Namen „Differential-Methode" angegeben und erprobt worden. Dadurch wird vor allen Dingen die beim VÄISÄLÄschen Apparat recht störende, bei der schrittweisen Vervielfachung zur Erzeugung der richtigen Strahlenneigung notwendige Verschwenkung des Kollimator- und Beobachtungsfernrohrs ausgeschaltet. Zu diesem Zweck ist der Ausgangsetalon mit drei Platten ausgestattet, so daß der in Abb. 6 unter a, b (Ansicht von oben) getrennt skizzierte Strahlengang entsteht; in Wirklichkeit liegen die beiden Bündel gleichzeitig übereinander (c, Ansicht von der Seite), was durch eine stufenartige Anordnung der Etalonplatten erreicht wird. Die Entfernung der Etalonplatten ist so gewählt, daß $n e_1 = e_2$ und $(n - m)\, e_1' = e_2$, wo n und $m < n$ ganze Zahlen sind (in der Abbildung ist $n = 4$, $m = 1$). Mißt man nun auf irgendeine Weise die Differenz $e_1' - e_1 = E$, so hat man die 3 Gleichungen

$$n e_1 - e_2 = 0, \quad (n - m) e_1' - e_2 = 0, \quad e_1' - e_1 = E,$$

die zur Bestimmung von

$$e_2 = \frac{n(n - m)}{m} E$$

führen. Für beide Strahlenbündel ist dabei der Einfallswinkel der gleiche, eine Verstellung des Kollimators daher unnötig. WARLICH und SCHWARZ wählten $n = 5$, $m = 1$, $E = 1{,}20$ m, erhalten somit e_2 durch eine mit einem einzigen Strahlengang erreichte Verzwanzigfachung der Ausgangsentfernung E. Die Anzahl der Meßoperationen wird natürlich dadurch gegen die ursprüngliche VÄISÄLÄsche Anordnung nicht verringert.

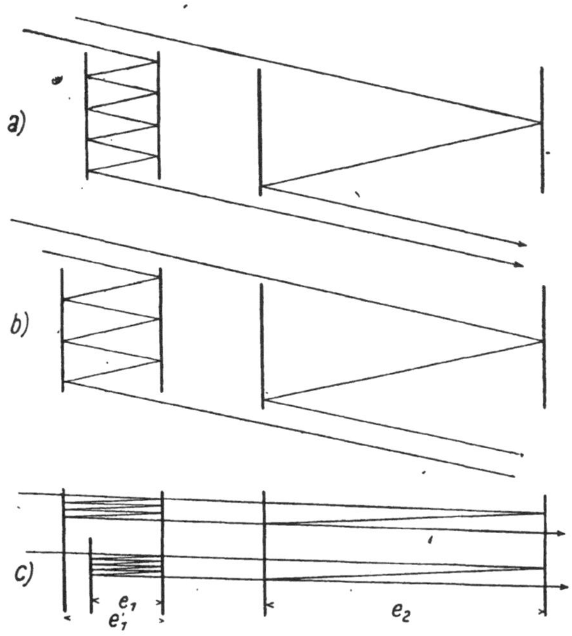

Abb. 6

Als Komparator zur Messung größerer Längen darf zuletzt der von KÖSTERS und seinen Mitarbeitern entwickelte Apparat nicht unerwähnt bleiben, obwohl er an sich nicht hierher gehört; deswegen nicht, da er bislang der einzige Apparat ist, der nicht mit weißem, sondern mit homogenem Licht arbeitet. Er stellt zweifellos den vollkommensten Komparator dar, dessen Arbeitsweise völlig einwandfrei und exakt ist, während man sämtliche mit weißem Licht arbeitenden Apparate wegen einer später ausführlicher zu behandelnden Fehlerquelle in Strenge als nicht ganz einwandfrei bezeichnen muß. Indessen besteht vorläufig kaum eine Möglichkeit, das beim KÖSTERSschen Komparator verwendete Prinzip auf größere Entfernung anzuwenden, so daß von einer Darstellung seiner Konstruktion und Arbeitsweise hier abgesehen werden kann.

Als im Geodätischen Institut der Plan gefaßt wurde, einen Interferenzkomparator für die Eichung der Invardrähte zu bauen, der wirklich feldmäßigen Anforderungen genügt, war zunächst zu prüfen, welcher der vorliegenden, im Vorhergehenden beschriebenen Apparate hierfür die geeignetste Grundlage abgeben könnte. Der KÖSTERSsche Apparat schied, wie soeben erwähnt, hierfür aus. Die mit den anderen Apparaten gemachten Erfahrungen und erzielten Ergebnisse konnten leider aus verschiedenen Gründen kaum zur Urteilsbildung herangezogen werden. Die historischen Meter-Eichungen sind ihrem Zweck entsprechend mit dem raffiniertesten Laboratoriumsaufwand, der auf Feldverhältnisse nicht übertragbar ist, durchgeführt worden. Die mit dem japanischen Apparat gewonnenen Ergebnisse zeigen eine erstaunliche Genauigkeit, lassen aber infolge der Knappheit der Darstellung manche damit zusammenhängende Frage ungeklärt. Im übrigen entspricht auch hier der instrumentelle Aufwand allen anderen als feldmäßigen Ansprüchen. Über die VÄISÄLÄschen Apparate ist, obwohl sie mehrmals zu Eichungen eingesetzt gewesen sein sollen, niemals hinreichendes Zahlenmaterial veröffentlicht worden. Die von VÄISÄLÄ selbst bei seinen

---

[1]) G. W. WARLICH, Geodäsist, 1932.

Voruntersuchungen gewonnenen Zahlen sind zu spärlich und betreffen mehr aneinandergereihte Einzeloperationen als immer wiederholte fortlaufende Messungen. Ernsthafte Messungen im Gelände mittels des nach der Differential-Methode arbeitenden VÄISÄLÄschen Apparates haben die Russen ausgeführt. Die dabei verwendete Methode der Übertragung der Interferenzstrecke auf die Eichstrecke ist indessen recht kompliziert, so daß eine Bestimmung der rein den Interferenzmessungen zukommenden Genauigkeit unsicher ist. Bei einer Entscheidung über die Wahl des der Schaffung eines Interferenzkomparators zugrunde zu legenden Apparate-Typs muß man sich daher von anderen Gesichtspunkten leiten lassen. Da stellt sich nun sofort als erheblicher Nachteil der nach dem FABRY-PEROTschen Prinzip arbeitenden Apparate das Erfordernis einer möglichst hellen Lichtquelle, speziell einer elektrischen Bogenlampe, heraus. Dieser für Laboratoriumszwecke gänzlich nebensächliche Aufwand bedeutet gegenüber dem mit einem 4-Volt-Lämpchen arbeitenden VÄISÄLÄschen Apparat einen erheblichen Nachteil und eine Komplikation; angesichts des bei Basismessungen sowieso erforderlichen Aufwands kann dieser Nachteil jedoch nicht als unüberwindlich und entscheidend angesehen werden, wenn das zugrunde gelegte Arbeitsprinzip sonstige Vorzüge aufweist. Solche Vorzüge liegen nun für Feldmessungen in der Tat vor, einmal in der größeren Klarheit der Interferenzerscheinung selbst gegenüber der beim VÄISÄLÄschen Apparat. Bei einigermaßen größerem Lochabstand der Blende, wie sie für größere Entfernungen benötigt wird, ist die durch Beugung hervorgerufene Interferenzerscheinung außerordentlich diffizil, eine Differenzierung der Streifen in bezug auf Feststellbarkeit des achromatischen Mittelstreifens selbst im Laboratorium bei ruhig stehendem Interferenzbild recht schwierig, bei unruhigem Interferenzbild, wie es bei Feldmessungen zu erwarten ist, sicher unmöglich. Man wird sich dann im wesentlichen bestenfalls mit einer allgemeinen Feststellbarkeit der Interferenzerscheinung, d. h. mit einer geringeren Genauigkeit begnügen müssen. Demgegenüber ist das im Meßkeil des FABRY-PEROTschen Apparates erscheinende Streifensystem je nach dem Keilwinkel mehr oder weniger ausgedehnt, die Feststellung des achromatischen Streifens wegen des großen Streifenabstandes (der linear leicht 1 mm und noch mehr gemacht werden kann ohne zu starke Beschränkung des Meßbereichs) immer leicht und sicher möglich, und es ist zu erwarten — und diese Erwartung hat sich auch bestätigt —, daß selbst bei starkem Zittern des Interferenzbildes dieses besser und leichter erkannt wird als das diffizile Bildchen bei dem VÄISÄLÄschen Apparat. Dazu kommt noch ein anderer Gesichtspunkt. Bei dem VÄISÄLÄ-Apparat erfolgt das Aufsuchen der Interferenzstreifen bei zunächst genäherter Lage der Spiegel durch Drehen der Kompensator-Platten. Für die eigentliche Messung selbst empfiehlt VÄISÄLÄ fortlaufende Verstellung eines Spiegels derart, daß die Interferenzstreifen bei Nullstellung der Kompensatorplatten erscheinen; dies ist nötig, um eine den Kompensatorplatten wegen der Dispersion des Brechungs-Index beim Herausdrehen aus der Nullstellung anhaftende Fehlerquelle zu vermeiden. Dieses Meßverfahren wird jedoch wohl nur bei ruhig stehender Interferenzerscheinung möglich sein. Bei starkem Wandern oder Zittern der Streifen wird man die Zurückführung der Kompensatoren auf die Nullstellung kaum mit Erfolg zustande bringen. Man wird oft froh sein müssen, die Interferenzerscheinung bei beliebig stehenden Kompensatoren überhaupt zu sehen. Damit ist aber eine Ausschaltung der obengenannten Fehlerquellen unmöglich; man müßte dazu die Kompensatorplatten achromatisieren. Selbst wenn es aber gelänge, die Nullstellung herbeizuführen, bleibt das fortlaufende Korrigieren des einen Spiegels im Hinblick auf die allgemeine Konstanz des Apparates bedenklich. Der Meßkeil dagegen arbeitet über seinen ganzen Bereich fehlerlos, eine Verstellung eines Spiegels zum Zwecke der Herbeiführung eines bestimmten „Meßzustandes" entfällt bei ihm. Außer durch diese Argumente wurde die Wahl zwischen VÄISÄLÄ- und FABRY-PEROT-Apparat schließlich zugunsten des letzteren in der von den Japanern benutzten Abänderung entschieden durch die Entdeckung, daß der letztere Apparat mit gänzlich unwesentlichen Änderungen ohne weiteres auch das Arbeiten nach dem VÄISÄLÄschen Prinzip gestattet. Man braucht zu diesem Zweck nur das durch den mittelsten Spiegel abgespaltene hindurchgehende Teilbündel in seiner oberen Hälfte, das zwischen den beiden ersten Spiegeln hin- und herlaufende Bündel gleichzeitig in seiner unteren abzublenden. Greifen dabei die Blenden ein wenig in der Mitte übereinander, so daß von beiden Teilbündeln ein gemeinsamer Teil abgeblendet wird, so hat man im Effekt eine Zweilochblende wie bei VÄISÄLÄ und denselben Strahlengang wie bei Abb. 5, nur statt nebeneinander jetzt übereinander. Man gewinnt also bei Anwendung des japanischen Apparates den Vorteil, mittels e i n e s Apparates nach zwei Prinzipien arbeiten zu können; dieser Grund gab den Ausschlag, die bei diesem Apparat verwendeten Prinzipien zur Grundlage des zu konstruierenden Komparators zu machen. Dabei wurde auch beschlossen, von einem direkt in Wellenlängen zu eichenden Etalon auszugehen; der Übergang zu einem Quarzmeter wäre ja unabhängig davon jederzeit möglich. Der späteren Beschreibung des konstruktiven Aufbaus vorgreifend sei hier schon erwähnt, daß im Gegensatz zum japanischen Apparat immer die zweite Platte des vorausgehenden Etalons und die erste des zweiten durch eine einzige planparallele Platte ersetzt wurde. Der nachfolgend gegebenen Theorie und Beschreibung des Apparates liegt also die in Abb. 7 wiedergegebene Spiegelanordnung für die jeweilige Vergleichung zweier Etalons zugrunde.

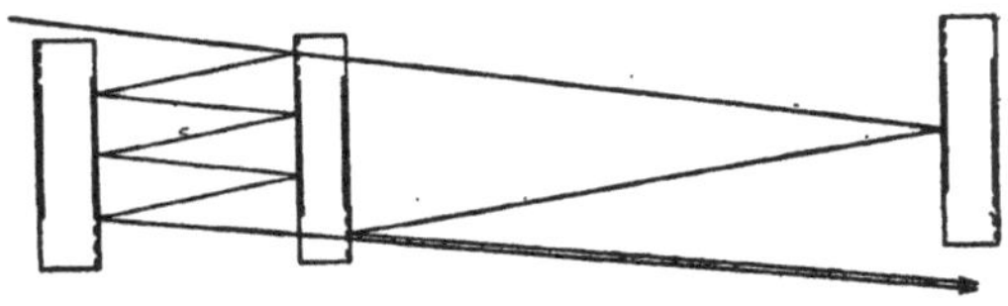

Abb. 7

§ 1. Theorie des Meßkeils

Im folgenden wird weitgehend Gebrauch gemacht von dem Ersatz aller Reflexionsvorgänge durch die virtuellen Lichtquellen bzw. da das verwendete Licht parallel ist, durch virtuelle Wellenebenen. Die $2n$-malige Reflexion zwischen dem ersten Spiegelflächenpaar mit der Distanz e_1 und die 2-malige Reflexion zwischen dem zweiten Paar mit der Distanz e_2 liefert dann beim Einfallswinkel i zufolge der Reflexionsgesetze zwei in jedem Moment gleichphasig schwingende Wellenebenen W_1 und W_2, die in Richtung der Wellennormalen den Abstand $2\,(ne_1 - e_2)\cos i$ besitzen[1]). Die direkt einfallende Wellenebene kommt hier gerade infolge der besonderen Art der Verspiegelung in Wegfall, da die Vollverspiegelung als praktisch undurchlässig zu betrachten ist. Setzt man, um nicht unnötig viele für das folgende unwesentliche Bezeichnungen einführen zu müssen, einfachheitshalber für die Halb- und Vollverspiegelung den gleichen Reflexionskoeffizienten r voraus und sieht man als hier ebenfalls völlig unwesentlich vom Durchlässigkeitskoeffizienten der Halbverspiegelung und der Glasplatten ab, so sind den den Wellenebenen W_1 und W_2 entsprechenden Schwingungen die Amplituden r^{2n} bzw. r^2 zu erteilen, wenn die Amplitude der einfallenden Schwingung als Einheit genommen wird. Die den beiden Wellenebenen entsprechenden Schwingungen der Wellenlänge λ sind dann im Beobachtungspunkt gegeben durch

$$r^2\, e^{2\pi i\left(\nu t - \frac{x}{\lambda}\right)} \text{ und } r^{2n}\, e^{2\pi i\left(\nu t - \frac{x + 2\,(n e_1 - e_2)\cos i}{\lambda}\right)},$$

die durch Interferenz sich zu der Schwingung

$$r^2\, e^{2\pi i\left(\nu t - \frac{x}{\lambda}\right)} \left\{1 + r^{2\,(n-1)}\, e^{-2\pi i \frac{2\,(n e_1 - e_2)\cos i}{\lambda}}\right\}$$

zusammensetzen[2]). Dies ist ein ebenes Wellenfeld, dessen Amplitude die durch den Klammerfaktor gegebene Abhängigkeit von der Wellenlänge aufweist.

Bringt man nun in dieses Interferenzfeld den Meßkeil, dessen eine Fläche als parallel zur einfallenden Wellenebene angenommen wird, so ist die in einem Punkt der Keildicke k herrschende resultierende Schwingung, wenn man den Reflexionskoeffizienten der Keilplatten mit ϱ bezeichnet und vom Durchlässigkeitskoeffizienten wieder absieht, gegeben durch

$$r^2\, e^{2\pi i\left(\nu t - \frac{x}{\lambda}\right)} \left\{1 + r^{2\,(n-1)}\, e^{-2\pi i \frac{2\,(n e_1 - e_2)\cos i}{\lambda}}\right\} \left\{1 + \varrho^2\, e^{-2\pi i \frac{2k}{\lambda}} + \varrho^4\, e^{-2\pi i \frac{4k}{\lambda}} + \ldots\right\}.$$

Hieraus erhält man den allein interessierenden Ausdruck für die beobachtete Intensität (abgesehen vom Faktor 1/2) in bekannter Weise durch Multiplikation mit dem konjugiert komplexen Wert zu

---

[1]) Das ist in Strenge nicht richtig, da die Wellen an den Metalloberflächen einen Phasensprung erleiden, der sich bekanntlich von π etwas unterscheidet. Infolge der verschiedenen Reflexionszahl zieht dies eine Komplikation nach sich, die vorläufig unbeachtet bleibt, auf die jedoch später zurückzukommen sein wird.

[2]) Die doppelte Verwendung des Buchstabens i für die imaginäre Einheit und den Neigungswinkel dürfte zu keinen Verwechslungen führen.

$$J = r^4 \left\{ 1 + r^{4(n-1)} + 2 r^{2(n-1)} \cos 2\pi \frac{2(ne_1 - e_2)\cos i}{\lambda} \right\} \frac{1}{1 + \varrho^4 - 2\varrho^2 \cos 2\pi \frac{2k}{\lambda}}$$

oder

$$J = r^4 \left\{ (1 - r^{2(n-1)})^2 + 4 r^{2(n-1)} \cos^2 \pi \frac{2(ne_1 - e_2)\cos i}{\lambda} \right\} \frac{1}{(1 + \varrho^2)^2 - 4\varrho^2 \cos^2 \pi \frac{2k}{\lambda}}.$$

Der erste Summand der geschweiften Klammer zusammen mit dem letzten Faktor gibt nun zu der gewöhnlichen Interferenzerscheinung Anlaß, wie sie beim Durchgang von Licht der Intensität $r^4(1 - r^{2(n-1)})^2$ durch den Meßkeil entsteht, also bei weißem Licht — mit Ausnahme der Umgebung des Keilscheitels — nur gleichmäßige Helligkeit. Dieses Licht entspricht dem infolge der verschiedenen Anzahl von Reflexionen vor dem Durchgang durch den Keil nicht zur Interferenz gekommenen Überschuß der Intensität des nur zweimal reflektierten über das $2n$-mal reflektierte Teilbündel. Dieser Teil des Ausdrucks für die Intensität ist für das Weitere ohne Bedeutung, er gibt nur eine unerwünschte überlagernde Helligkeit. Die hier interessierende für die Messung verwendete Interferenzerscheinung liefert der zweite Summand zusammen mit dem letzten Faktor:

$$\text{Konst.} \cos^2 \pi \frac{2d}{\lambda} \frac{1}{(1 + \varrho^2)^2 - 4\varrho^2 \cos^2 \pi \frac{2k}{\lambda}}, \quad d = (ne_1 - e_2)\cos i.$$

Dessen Wirkung erkennt man am besten an Hand einer bildlichen Darstellung. Der letzte Faktor definiert für sich allein die Helligkeit, die im Keil beim Durchgang von Licht der Wellenlänge λ entsteht. An allen Stellen des Keils, an denen seine Dicke mit der Wellenlänge λ in der Beziehung steht $2k = N \cdot \lambda$ (N eine ganze Zahl)[1]), herrscht für die betreffende Wellenlänge maximale Helligkeit. In einem Koordinatensystem mit der Abszissenachse $2k$ und der Ordinatenachse λ (Abb. 8) wird durch $2k = N\lambda$ eine einparametrige Schar von Geraden definiert. Das so erhaltene Diagramm gestattet in einfacher Weise folgendes abzulesen: Irgendeine Parallele zur Abszissenachse mit der Ordinate $\lambda = \lambda_\nu$ gibt in den Abszissen ihrer Schnittpunkte mit der Geradenschar die Keildicken oder die den Keildicken proportionalen Stellen auf dem Keil an, an denen die Maxima der Helligkeit für Licht der Wellenlänge λ_ν liegen. Eine Parallele zur Ordinatenachse durch einen Punkt der Abszisse $k = k_n$ dagegen gibt in ihren Schnittpunkten mit der Geradenschar die Wellenlängen an, deren Licht an der betreffenden Keilstelle gerade mit maximaler Intensität auftritt. Denkt man sich also die einzelnen Geraden mit einer der betreffenden Wellenlänge entsprechenden Farbe leuchtend, so erhält man ein Bild der Intensitätsverteilung beim Beleuchten des Keils, wenn man nach einzelnen Wellenlängen trennen würde. Dabei kann man sich bei einigermaßen hohem Reflexionskoeffizienten ϱ die Helligkeit im wesentlichen auf die Geraden beschränkt denken, da bekanntlich bei hohem ϱ die Intensitätsverteilung erheblich von der sinusförmigen Verteilung abweicht und die Helligkeit entsprechend Abb. 27 (s. Anhang) im wesentlichen auf die unmittelbare Umgebung der Maxima beschränkt ist. Die Entstehung einer Interferenzerscheinung beim Beleuchten mit weißem Licht wird — abgesehen wieder von der Umgebung des Keilscheitels — durch diesen Faktor natürlich nicht erklärt. Eine solche ruft erst das

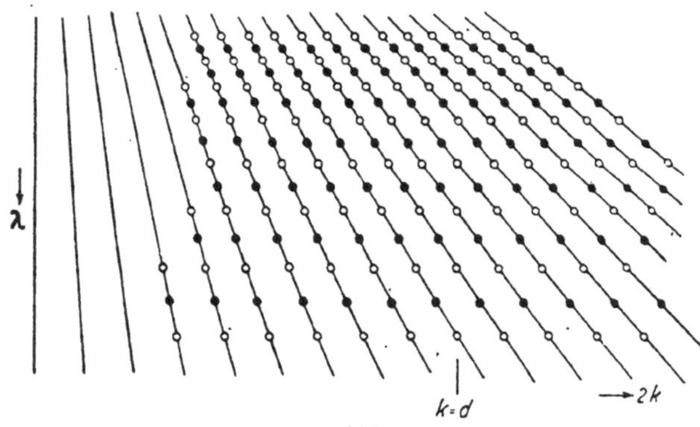

Abb. 8

[1]) Selbstverständlich kommen, da das Gebiet der optischen Wellenlänge etwa auf $\lambda = 300$ bis $\lambda = 700$ mμ begrenzt ist, nur ganze Zahlen innerhalb bestimmter Grenzen in Frage. Diese selbstverständliche Einschränkung wird in folgendem nicht weiter erwähnt.

Hinzutreten des zweiten Faktors hervor. Dieser Faktor hat sein Maximum für die Werte λ, für die $2d = N \cdot \lambda$, sein Minimum Null dagegen für $2d = (N + 1/2)\,\lambda$. Für sämtliche Wellenlängen λ des Minimums tritt also überhaupt kein Licht in den Keil ein (das gilt natürlich nur abgesehen von dem ersten Summanden der Klammer im Ausdruck von J, der, wie oben bemerkt, nur eine gleichmäßige Aufhellung des Keils bewirkt). In der graphischen Darstellung trägt man diesem Sachverhalt in der Weise Rechnung, daß man sich die auf die Geraden konzentrierte Helligkeit in Abhängigkeit von der Wellenlänge entsprechend dem Faktor $\cos^2 \pi \frac{2d}{\lambda}$ zwischen Null und Eins variierend denkt. Dies ist in Abb. 8 durch die Kreise (maximale Helligkeit) und Punkte angedeutet. Die Kreise und Punkte ergeben sich dabei als die Schnittpunkte der Parallelen zur Abszissenachse mit den Ordinaten $\lambda_{\max} = \frac{2d}{N}$, $\lambda_{\min} = \frac{2d}{N + 1/2}$. Wenn man sich nun, um die Gesamtwirkung im weißen Licht zu erhalten, die gesamte Helligkeit auf die Abszissenachse projiziert denkt, so wird im allgemeinen an den meisten Stellen des Keils wieder nur eine allgemeine Mischhelligkeit auftreten. Eine Ausnahme macht jedoch zunächst die Keilstelle, deren Dicke k gleich dem halben Gangunterschied d der in den Keil eintretenden Teilbündel ist. Hier tritt mit maximaler Helligkeit gerade das Licht der Wellenlängen, und nur dieser, auf, für die $\lambda = \frac{2k}{N}$, das sind wegen $k = d$ aber gerade dieselben, deren Licht durch Interferenz in den Keil eintritt. Im Sinne der bildlichen Darstellung heißt dies: An der Stelle $k = d$ liegen die maximale Helligkeit andeutenden Kreise gerade senkrecht übereinander und das gilt auch noch nahezu für die unmittelbar benachbarten, die Minima andeutenden Punkte. Man erkennt einleuchtender als durch Rechnung jetzt aus der graphischen Darstellung ohne weiteres, daß im weißen Licht an der Keilstelle $k = d$ ein Streifensystem auftreten muß, dessen achromatischer Mittelstreifen genau an der Stelle $k = d$ liegt[1]).

Das Auftreten dieses Streifensystems ermöglicht nun folgendes Meßprinzip: Man verschiebt den Keil parallel zu seiner Längsrichtung so lange, bis das Streifensystem sichtbar wird. Ist k die durch eine Keileichung ermittelte Keildicke, an der der achromatische Mittelstreifen erscheint, so findet sich die gesuchte Entfernung e_2 aus der bekannten e_1 mittels

$$e_2 = n e_1 \pm k \sec i\,.$$

Das zunächst noch unbekannte Vorzeichen von k kann man mittels verschiedener Kunstgriffe bestimmen. Am einfachsten ist wohl das von den Japanern vorgeschlagene Einschieben eines Glimmerplättchens in eines der Teilbündel und Beobachtung der eintretenden Streifenwanderung, die infolge der durch das Einschieben bewirkten Änderung des Gangunterschiedes hervorgerufen wird. Schiebt man etwa das Glimmerplättchen in den Strahlengang des Etalons 2, so wird e_2 vergrößert. Beobachtet man dabei z. B. eine Wanderung des Streifensystems nach größeren Keildicken hin, also eine Vergrößerung des Entfernungsunterschiedes, so muß e_2 vorher schon größer als $n e_1$ gewesen sein, k ist positiv (vorausgesetzt natürlich, daß die Streifenwanderung nicht über den Keilscheitel führt). Hält man allgemein daran fest, das Glimmerplättchen in den Strahlengang von e_2 zu bringen, was auch experimentell das einfachste ist, so hat man folgende Regel:

Streifenwanderung nach	kleineren Keildicken	$e_2 < n e_1$	$k < 0$
,, ,,	größeren Keildicken	$e_2 > n e_1$	$k > 0$.

Man kann die oben Abb. 8 gegebene bildliche Darstellung physikalisch realisieren, indem man die Keiloberfläche auf den zur Keilkante senkrecht stehenden Spalt eines Spektroskops optisch abbildet. Abb. 9 zeigt eine der so erhaltenen Aufnahmen. Man erkennt die Linien $2k = N\lambda$ (die hier wegen der Verwendung eines Prismas gekrümmt sind) und die auf ihnen hervorgerufenen Helligkeitsmaxima der Wellenlängen, für die $2d = N\lambda$. An der Stelle $k = d$ fallen diese Wellenlängen gerade mit der Gesamtheit aller an der Stelle k des Keils auftretenden Wellenlängen

---

[1]) Dieses Streifensystem hat dasselbe Aussehen wie das gewöhnliche Streifensystem im weißen Licht, ist aber seiner eben erläuterten Entstehung nach nicht identisch mit diesem; sein achromatischer Mittelstreifen besteht z. B. aus einem Weiß höherer Ordnung, und auch bei den gefärbten Seitenstreifen ist die betreffende Farbe eine solche höherer Ordnung.

maximaler Helligkeit zusammen und dort entsteht der achromatische helle Streifen. Die Abbildung zeigt zu beiden Seiten noch die Spur zweier über den Spalt gespannten Fäden, die die Stellen gleicher Keildicke für die verschiedenen Wellenlängen markieren.

Abb. 9

Außer bei den Keildicken $k = d$ tritt nun noch bei allen Keildicken $k' = k/n$ ($n = 1, 2, 3 \ldots$) ein ähnliches Streifensystem auf; für $n = 2$, bei $k/2$ läßt sich dies an der Abb. 8 schon erkennen, man sieht dabei auch, daß dieses Streifensystem enger ist als das bei $k = d$ auftretende. Dies läßt sich leicht nachweisen. An der Stelle $k' = k/n$ können Interferenzstreifen überhaupt nur durch Licht der Wellenlängen λ' entstehen, die bestimmt sind durch $\lambda' = \frac{2k'}{N'} = \frac{2k}{N' \cdot n}$ (N' eine ganze Zahl). Da $N' \cdot n$ ebenfalls eine ganze nebenbei durch n teilbare Zahl ist, schließt man daraus, daß die λ' nur unter den Wellenlängen zu suchen sind, die auch bei k auftreten, und zwar sind es die und nur die, deren der Stelle k entsprechende Ordnungszahl N durch n teilbar ist. Die λ' sind daher auch unter den λ enthalten, deren Licht infolge des Gangunterschiedes $2d$ der beiden Teilbündel mit maximaler Helligkeit in den Keil eintritt, es sind auch gerade die, denen die durch n teilbaren Ordnungszahlen zukommen. Setzt man N in die Form $N = N'n + p$ $\left(p = 0, \pm 1, \pm 2, \ldots \pm \frac{n-1}{2} \text{ bzw. } \pm \frac{n}{2}\right)$, so sind sämtliche Wellenlängen, deren Licht infolge des Gangunterschiedes $2d$ Maxima gibt, durch

$$\lambda = \frac{2d}{nN' + p}$$

gegeben.

Den einzelnen Werten von p entsprechend lassen sich diese Wellenlängen in Gruppen zusammenfassen. Die Gruppe für $p = 0$ umfaßt nach dem oben Gesagten gerade alle die Wellenlängen, die auch an der Keilstelle $k' = k/n$ helle Interferenzstreifen geben. Die Wellenlängen der Gruppen $p = \pm 1$ geben für die jeweils gleichen Ordnungszahlen N' helle Interferenzstreifen an den Stellen

$$k_1' = \frac{d}{nN' \pm 1} \cdot N' \approx \frac{d}{n}\left(1 \mp \frac{1}{nN'}\right) = \frac{d}{n}\left(1 \mp \frac{\lambda_0}{2d}\right)$$

oder

$$k_1' = k' \mp \frac{1}{n}\frac{\lambda_0}{2},$$

wo mit λ_0 die der Gruppe $p = 0$ entsprechenden Wellenlängen der jeweiligen Ordnungszahl N' bezeichnet sind. Entsprechend findet man für die Keilstellen, an denen die Wellenlängen der Gruppe $p = \pm 2$ Interferenzmaxima der Ordnungszahl N' geben, genähert

$$k_2' = k' \mp \frac{2}{n}\frac{\lambda_0}{2}.$$

Somit finden sich in der Umgebung von $k' = k/n$ Interferenzmaxima an den Stellen (und zwar nur an diesen)

$$k_1' = k' \mp \frac{1}{n}\frac{\lambda_0}{2}$$

$$k_2' = k' \mp \frac{2}{n}\frac{\lambda_0}{2}$$

$$k_3' = k' \mp \frac{3}{n}\frac{\lambda_0}{2}$$

$k' = k/n$; λ_0 die bei k' auftretenden Wellenlängen der Ordnungen N'

Analog findet man in der Umgebung k' für die Lage der Minima, die den Wellenlängen entsprechen, deren Licht durch den Gangunterschied $2d$ überhaupt vernichtet wird, also gar nicht in den Keil eintritt, die Keildicken

$$k_1'' = k' \mp \frac{1}{2n} \frac{\lambda_0}{2}$$

$$k_2'' = k' \mp \frac{3}{2n} \frac{\lambda_0}{2}$$

und man erkennt nun aus diesen Zahlen, daß überhaupt ein Streifensystem auftritt und daß dessen „Streifenbreite" der $n$te Teil der bei k auftretenden ist, denn die „Streifenbreite" des letzteren entspricht natürlich der Dickenzunahme des Keils um die Hälfte einer mittleren Wellenlänge. Eine Verwechslung dieser Streifensysteme mit dem bei k auftretenden kann daher nicht stattfinden. Man kann praktisch diese Streifensysteme leicht bis $n = 3$ oder gar 4 feststellen; die Streifen werden naturgemäß immer matter und wegen ihres immer geringer werdenden Streifenabstandes schwerer erkennbar. Zur Messung wird man natürlich nur das bei $k = d$ auftretende verwenden, die anderen Systeme lassen sich aber, wie später näher erläutert wird, mit Vorteil zur raschen Keileichung benutzen.

Die angegebene Darstellung der Wirkungsweise des Meßkeils zeigt, daß man in Strenge seine Wirkung nicht dahingehend auffassen kann, daß er den Gangunterschied zwischen den beiden Teilbündeln „kompensiert", indem man etwa den durch den Keil direkt durchgehenden Teil des den längeren Weg zurücklegenden Teilbündels mit dem im Keil reflektierten Teil des auf dem kürzeren Weg laufenden und durch Reflexion im Keil nun einen zusätzlichen „kompensierenden" Weg erleidenden Teilbündels vereinigt. Aus diesem Grunde ist die Bezeichnung Meßkeil statt des sonst verwendeten Ausdrucks Kompensatorkeil vorzuziehen.

§ 2. Einfluß der Abweichung vom Parallelismus in der Einstellung der Etalonplatten

Für einwandfreies Arbeiten des Apparates ist möglichst weitgehender Parallelismus der Etalonplatten gegeneinander erforderlich. Beim Arbeiten im Gelände unter wechselnden Temperaturverhältnissen wird man mitunter mit größeren Abweichungen vom Parallelismus rechnen müssen als im Laboratorium. Die Auswirkung einer solchen Abweichung muß daher untersucht werden.

Die beiden äußersten Etalonplatten mögen gegen die mittlere, die hier zunächst als planparallel[1]) vorausgesetzt wird, die geringen Winkel β_1 und β_2 einschließen. Die Betrachtung soll auf den Fall beschränkt bleiben, daß die Schnittkanten der Etalonflächen parallel zueinander und zur einfallenden ebenen Welle sind; der allgemeine Fall läßt sich in gleicher Weise durchrechnen, würde aber zu unnötigen Weitläufigkeiten führen, die keine über den speziellen Fall hinausreichenden und für die praktische Handhabung notwendigen Erkenntnisse vermitteln. Die Schnittkanten S_1 und S_2 mit der mittelsten Platte (Abb. 10), deren Dicke gleich Null gesetzt wird, sollen um das Stück e auseinanderliegen.

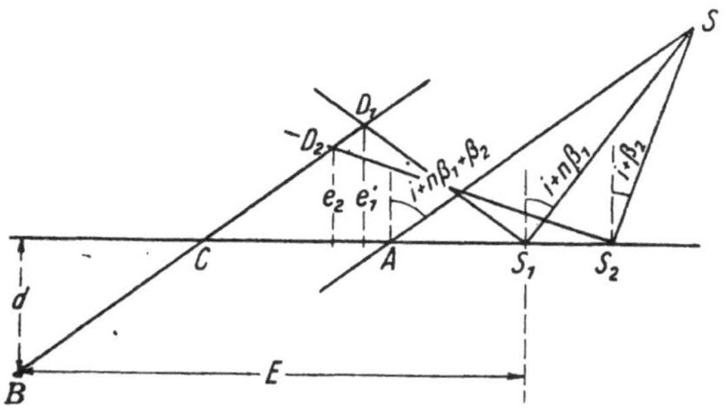

Abb. 10

Es wird wieder Gebrauch gemacht von dem Ersatz der Reflexionen durch die virtuellen Wellenebenen. Um die Lage der Geraden des Gangunterschiedes Null zwischen den beiden durch Reflexion entstandenen Wellenebenen W_1 und W_2 zu finden, geht man so vor. Der Gangunterschied Null zwischen der unter dem Einfallswinkel i gegen die mittlere Platte einfallenden Welle und der

[1]) Der Einfluß einer Abweichung von der Planparallelität der mittelsten Platte wird im § 3 untersucht.

im Etalon 1 2n-mal reflektierten Welle W_I herrscht auf der Geraden durch S_1 mit dem Einfallswinkel $i + n\beta_1$, ebenso ist die Gerade durch S_2 unter dem Einfallswinkel $i + \beta_2$ der Ort des Gangunterschiedes Null zwischen einfallender und im Etalon 2 reflektierter Welle W_2. Im Schnittpunkt S beider Geraden herrscht also zwischen W_1 und einfallender Welle wie auch zwischen W_2 und einfallender Welle der Gangunterschied Null, also auch zwischen W_1 und W_2. Die unter dem Einfallswinkel $i + n\beta_1 + \beta_2$ laufende Gerade des Gangunterschiedes Null geht daher durch S; ihr Schnittpunkt mit der mittelsten Platte sei A. Zieht man durch den Beobachtungspunkt B eine Parallele zu dieser Geraden, so herrscht auf dieser Parallelen in allen Punkten der gleiche Gangunterschied. Die Anzahl der im Gangunterschied steckenden Wellenlängen ist gleich dem Abstand dieser beiden Parallelen dividiert durch die Streifenbreite. Der Abstand ist gleich

$$(C S_1 - A S_1) \cos (i + n\beta_1 + \beta_2).$$

Hierin führt man zweckmäßig die unmittelbar interessierenden senkrecht zur mittleren Fläche gemessenen Etalondicken e_1' und e_2 ein, die den Punkten D_1 und D_2 zukommen, an denen der vom Beobachtungspunkt unter dem Einfallswinkel $(i + n\beta_1 + \beta_2)$ rückwärts verfolgte mittlere Strahl die unter den Winkeln $n\beta_1$ und β_2 geneigten Spiegelflächen trifft. Diese Punkte entsprechen sehr nahe den Plattenmitten. Statt der 2n-fachen Reflexion wird also zunächst die zweifache Reflexion am keilförmigen Etalon mit dem n-fachen Keilwinkel $n\beta_1$ betrachtet, was für die Berechnung des Gangunterschiedes erlaubt ist. Es gelten dann folgende Beziehungen:

$$C S_1 \cos (i + n\beta_1 + \beta_2) = \frac{e_1' \cos (i + \beta_2)}{\sin n\beta_1}$$

$$A S_1 \cos (i + n\beta_1 + \beta_2) = \frac{e \cos (i + \beta_2) \sin \beta_2}{\sin (n\beta_1 - \beta_2)}$$

$$e \cos (i + n\beta_1 + \beta_2) = e_2 \frac{\cos (i + n\beta_1)}{\sin \beta_2} - e_1' \frac{\cos (i + \beta_2)}{\sin n\beta_1}.$$

Damit berechnet sich der Abstand der beiden Parallelen zu

$$(e_1' - e_2) \cdot \frac{\cos (i + n\beta_1) \cos (i + \beta_2)}{\cos (i + n\beta_1 + \beta_2) \sin (n\beta_1 - \beta_2)}.$$

Die Streifenbreite ist, da der Winkel zwischen den beiden interferierenden Wellenebenen $2 (n\beta_1 - \beta_2)$ ist, gleich $\lambda : 2 \sin (n\beta_1 - \beta_2)$. Die Division durch diese Streifenbreite liefert die Anzahl der im Gangunterschied steckenden Wellenlängen; durch Multiplikation mit λ findet sich somit der Gangunterschied selbst zu

$$2 (e_1' - e_2) \cdot \frac{\cos (i + n\beta_1) \cos (i + \beta_2)}{\cos (i + n\beta_1 + \beta_2)}.$$

Statt der Dicke e_1' des Etalons mit dem Keilwinkel $n\beta_1$ ist noch die Dicke e_1 des wirklichen Etalons mit dem Keilwinkel β_1 einzuführen. Der D_1 entsprechende Punkt beim wirklichen Etalon, der, je nachdem n gerade oder ungerade ist, auf der mittelsten oder ersten Platte liegt, hat von S_1 denselben Abstand $S_1 D_1$. Rechnet man also die Dicke e_1 des wirklichen Etalons in diesem (auf der ersten oder mittleren Platte gelegenen) Punkt senkrecht zur anderen Platte (also bei geradem n anders als beim zweiten Etalon), so ist in beiden Fällen $e_1 = S_1 D_1 \sin \beta_1$. Da ferner $e_1' = S_1 D_1 \sin n\beta_1$, so ist

$$e_1' = e_1 \frac{\sin n\beta_1}{\sin \beta_1} \approx n e_1 (1 + (n) \beta_1^2).$$

Der Zahlenfaktor (n) ist z. B. für $n = 8$, die höchste beim Apparat vorkommende Multiplikation, rund gleich 10. Bei den kleinen überhaupt nur vorkommenden Keilwinkeln kann daher ohne weiteres $e_1' = n e_1$ gesetzt werden, weiterhin kann man den Faktor von $2 (e_1' - e_2)$ durch $\cos i$ ersetzen. Damit findet sich schließlich der Gangunterschied zu

$$2 (n e_1 - e_2) \cos i.$$

Man hat also bei der obengenannten Festlegung der Plattenabstände e_1 und e_2 denselben Ausdruck für den Gangunterschied wie im Falle völliger Parallelität; praktisch ist damit natürlich nicht viel gewonnen, wenn nicht die Winkel β schon hinreichend klein sind, da die Definition der e_1 und e_2 ja auch von den unbekannten Werten der β abhängt. Zur einwandfreien Reduktion der Messungen müssen also die Etalonplatten möglichst genau parallel zueinander eingerichtet und jede etwa vorkommende Änderung korrigiert werden. Diese Voraussetzung kann aber für alle Plattenpaare als erfüllt angesehen werden, wenn der Parallelismus bei einem Paar gesichert ist. Erreicht nämlich die Differenz $n\beta_1 - \beta_2$ auch nur geringe Beträge weniger Bogensekunden, so wird die Interferenzerscheinung sehr verwaschen und verschwindet schließlich ganz, so daß eine Messung überhaupt gar nicht möglich ist.

Man sieht dies leicht ein, wenn man beachtet, daß der Gangunterschied vom Einfallswinkel i abhängt. Je nach der Größe der Lichtquelle und der Brennweite des Kollimators setzt sich das aus dem letzteren heraustretende Licht aus Einzel-Parallelbündeln verschiedener Neigung gegen die Kollimatorachse zusammen. Jedes dieser Parallelbündel durchsetzt die Etalons unter einem anderen Einfallswinkel. Der Gangunterschied im Beobachtungspunkt wird daher von Bündel zu Bündel variieren und die den einzelnen Punkten der Lichtquelle entsprechenden Interferenzerscheinungen werden, sich einander überlagernd, zu einer Verwischung der Erscheinung führen.

Zur rechnerischen Verfolgung dieser Erscheinung ist es zweckmäßiger, einen anderen Ausdruck für den Gangunterschied zu benutzen. Legt man den Beobachtungspunkt B durch die Koordinaten d und E fest (s. Abb. 12), so kann der Abstand zwischen der Geraden konstanten Gangunterschieds durch B und der Geraden des Gangunterschieds Null ausgedrückt werden durch

$$(E - d\,tg\,(i + n\beta_1 + \beta_2) - A S_1) \cos (i + n\beta_1 + \beta_2)$$
$$= E \cos (i + n\beta_1 + \beta_2) - d \sin (i + n\beta_1 + \beta_2) - \frac{e \sin \beta_2 \cos (i + \beta_2)}{\sin (n\beta_1 - \beta_2)}.$$

Division dieses Ausdrucks durch die Streifenbreite und nachfolgende Multiplikation mit λ gibt den Gangunterschied selbst:

$$G = 2E \sin (n\beta_1 - \beta_2) \cos (i + n\beta_1 + \beta_2) - 2d \sin (n\beta_1 - \beta_2) \sin (i + n\beta_1 + \beta_2) - 2e \sin \beta_2 \cos (i + \beta_2),$$

hier sind E, d und e konstante Werte, die nicht mehr von i (wie früher e_1 und e_2) abhängen. Differenziert man nach i, so findet man für die Änderung des Gangunterschieds bei Änderung des Einfallwinkels

$$dG = -2\big(E \sin (n\beta_1 - \beta_2) (\sin (i + \beta_2) \cos n\beta_1 + \cos (i + \beta_2) \sin n\beta_1)$$
$$+ d \sin (n\beta_1 - \beta_2) \cos (i + n\beta_1 + \beta_2) - e \sin \beta_2 \sin (i + \beta_2)\big)\, d i,$$

was vereinfacht werden kann zu

$$dG = 2\big(((E + e)\beta_2 - E n\beta_1)\, i - (E \sin n\beta_1 + d)(n\beta_1 - \beta_2)\big)\, d i.$$

$(E + e)\beta_2 - E n\beta_1$ ist nun der Unterschied der Etalondicken im Fußpunkt von d. Dieser ist größenordnungsmäßig etwa 100 λ, die hiervon herrührende Änderung des Gangunterschieds ist völlig bedeutungslos. Von erheblichem Einfluß ist dagegen das zweite Glied, in dem $E \sin n\beta_1$ die n-fache Dicke des Etalons 1 ist. Ist z. B. der Durchmesser der Lichtquelle 1 mm, die Kollimatorbrennweite 1500 mm, $n\beta_1 - \beta_2 = 1''$, $E \sin n\beta_1 = 24$ m, $d = 0$, so findet sich für $\lambda = 500$ mμ $dG \approx {}^1/_3\,\lambda$. Erfahrungsgemäß wird nun die Schärfe einer Interferenzerscheinung nicht merkbar beeinträchtigt, wenn die Schwankung des Gangunterschieds der zur Vereinigung kommenden Strahlenpaare 0.2 λ nicht übersteigt. Der soeben errechnete Betrag überschreitet also selbst bei dem geringen Wert von 1″ für $n\beta_1 - \beta_2$ schon diese Grenze; durch Einsetzen des wahren Wertes von d wird der Betrag überdies noch erhöht. Man sieht daraus, welche rigorosen Anforderungen man an den Parallelismus (oder genauer an die Erfüllung der Bedingung $n\beta_1 - \beta_2 = 0$) stellen muß, wenn man eine brauchbare Interferenzerscheinung erhalten will; die Erfüllung dieser Anforderungen wird erleichtert durch die Wahl einer möglichst großen Brennweite des Kollimators.

Übrigens zeigt sich eine Abweichung vom Parallelismus, soweit sie überhaupt noch in den Grenzen deutlicher Sichtbarkeit der Interferenzerscheinung liegt, in einer mehr oder weniger starken Änderung des Streifensystems im Meßkeil. Davon überzeugt man sich leicht durch eine einfache Rechnung. Man setze zu diesem Zweck für den variablen Dickenunterschied der Etalonplatten an:

$$d = d_0 + \delta x;$$

x ist die in Richtung zunehmenden Dickenunterschieds vom Punkte mit der Dicke d_0 aus gezählte Abszisse. Ebenso setze man für die Keildicke an:

$$k = k_0 + \varkappa x .$$

Dabei ist die Keilkante parallel zur Schnittkante der Etalonplatten angenommen; $\varkappa$ ist der Keilwinkel. Die Wellenlängen, deren Licht infolge des Dickenunterschieds d bzw. infolge der Keildicke k Helligkeitsmaxima geben, sind bestimmt durch

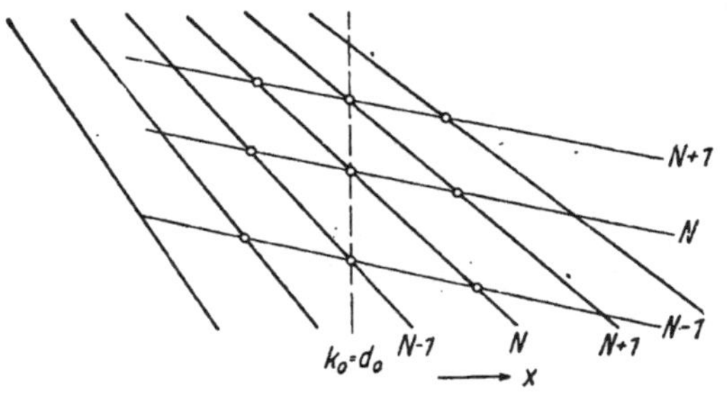

Abb. 11

$$\lambda_d \cdot N = 2\,(d_0 + \delta x) \quad \text{bzw.} \quad \lambda_k \cdot N' = 2\,(k_0 + \varkappa x) .$$

Ist $k_0 = d_0$, so ist für $x = 0$ für jedes $N = N'$ auch $\lambda_d = \lambda_k$, bei k_0 tritt ein heller achromatischer Streifen auf. Der nächste helle (natürlich nicht achromatische) Streifen wird nun für den Wert x auftreten, für den die aus $2\,d$ mit der Ordnungszahl N berechnete Wellenlänge übereinstimmt mit der für das gleiche x aus $2\,k$ für die Ordnungszahl $N \pm 1$ berechneten Wellenlänge; siehe zur Erläuterung Abb. 11. Zur Bestimmung von x hat man also die beiden Beziehungen

$$\lambda_N \cdot N = 2\,d_0 + 2\,\delta x$$
$$\lambda_N \cdot (N \pm 1) = 2\,k_0 + 2\,\varkappa x ,$$

die nach Elimination von λ_N für x den Wert liefern:

$$x = \pm \frac{d_0}{\varkappa N - \delta\,(N \pm 1)} \approx \pm \frac{d_0}{\varkappa N}\left(1 + \frac{\delta}{\varkappa}\right) = \pm \frac{\lambda_N^0}{2\varkappa}\left(1 + \frac{\delta}{\varkappa}\right).$$

$\lambda_N^0/2\varkappa$ ist die Strecke, längs der die Keildicke sich um $\frac{\lambda_N^0}{2}$ ändert, also die Streifenbreite für die bei k_0 mit der Ordnungszahl N auftretende Wellenlänge λ_N^0. Somit wird die Streifenbreite um das $\delta/\varkappa$-fache der ungestörten Streifenbreite vergrößert bzw. verkleinert. Bei größeren Winkeln zwischen den Etalonplatten und schwachen Keilwinkeln kann das deutlich bemerkbar werden. Ist z. B. $n\beta_1 - \beta_2 = 5''$, so ist $\delta = 1/4 \cdot 10^{-4}$. Nimmt man den Keilwinkel zu $\varkappa = 1/4 \cdot 10^{-3}$ an, entsprechend einer Streifenbreite von 1 mm für $\lambda = 500$ mμ, so ist $\delta/\varkappa = 1/10$. Mindestens für einen speziell diese Erscheinung untersuchenden Beobachter ist diese Veränderung merkbar. Man könnte sie experimentell deutlich machen, wenn man die eine Hälfte des Lichtbündels vor dem Durchgang durch den Meßkeil ein Reversionsprisma passieren läßt, so daß die eine Hälfte des Bündels die entgegengesetzte Veränderung wie das andere erleidet.

Viel deutlicher bemerkbar ist die Veränderung des Streifensystems, wenn die Schnittkante der Etalonplatten senkrecht zur Keilkante liegt. In diesem Falle kommen die die obere Hälfte des Meßkeils durchsetzenden Strahlen mit einem anderen Gangunterschied an wie die die untere Hälfte durchsetzenden, der weiße Mittelstreifen erscheint daher oben an einer anderen Stelle als unten, d. h. das Streifensystem ist gegen die Keilkante gedreht. Im vorigen Falle, $n\beta_1 - \beta_2 = 5''$, wäre bei einer Höhe des Lichtbündels von 30 mm die Dickenzunahme 3 $\lambda/_2$ (für $\lambda = 500$ mμ), der weiße Streifen würde also im oberen Teil um drei Streifenbreiten gegen unten verschoben sein; selbst für wesentlich kleinere Werte von $n\beta_1 - \beta_2$ wäre die Verdrehung auf den ersten Blick bemerkbar, vor allem wenn man, wie es bei der praktischen Handhabung des Komparators der Fall ist, vergleichsweise die Linien einer homogenen Spektrallinie gleichzeitig im Keil zur Verfügung hat. Im allgemeinen Fall beliebiger Lagen der Etalon-Schnittkanten untereinander und zur Keilkante werden die beiden besprochenen Änderungen zusammen eintreten.

Die Drehung des Streifensystems zusammen mit der damit Hand in Hand gehenden Verschlechterung der Interferenzerscheinung wird auf jeden Fall — beim praktischen Arbeiten hat sich das auch bestätigt — schon bei ganz geringen Abweichungen der Etalonplatten vom Parallelismus so merkbar sein, daß man vor der Messung die Einstellung der Platten korrigieren wird und dann sicher sein kann, daß die nun noch vorhandenen Abweichungen vom Parallelismus nur äußerst gering sein und keinen Meßfehler mit sich bringen können.

§ 3. Einfluß einer prismatischen Gestalt der mittleren, beiden Etalons angehörigen Platte

Schon Fabry und Perot behandeln den Fall, daß die beiden miteinander zu vergleichenden Etalons nicht parallel zueinander stehen, sondern einen kleinen Winkel a (Abb. 12) miteinander einschließen. Beim Einfallswinkel i ist dann der Wegunterschied der beiden interferierenden Strahlen

$$2ne_1\cos i - 2e_2\cos(i+a) = 4ne_1\sin\left(i+\frac{a}{2}\right)\sin\frac{a}{2} - 2(e_2 - ne_1)\cos(i+a);$$

es tritt also noch das Korrektionsglied $2e_1 ni\,a$ auf. Bei der Fabry-Perotschen Anordnung mit senkrechtem Strahleneinfall fällt dieses Korrektionsglied weg, es gibt jedoch, in ganz gleicher Weise wie in dem soeben behandelten Fall prismatischer Etalons unter Umständen zur Verwischung der Interferenzerscheinung Anlaß. Bei der von den Japanern verwendeten Anordnung hat jedoch i je nach der Plattengröße für die kleineren Entfernungen beträchtlichere Werte, der Einfluß des Korrektionsgliedes darf hier unter Umständen nicht vernachlässigt werden, wenn man nicht sicher ist, daß a sehr klein ist. Bei einer Plattenbreite von 60 mm ist bei $ne_1 = 1$ m $i = 3/100$; für $a = 2''$ ist also der durch Vernachlässigung des Korrektionsgliedes begangene relative Fehler der Differenz $ne_1 - e_2$ gleich $ia = 3\cdot 10^{-7}$, ein Betrag, der, wenn auch für geodätische Zwecke zur Not vernachlässigbar, doch mit Rücksicht auf die mit Lichtinterferenzen erreichbare und häufig angeblich erreichte Genauigkeit beachtet werden muß. Man muß dabei noch berücksichtigen, daß sich die Störung im Parallelismus in viel geringerem Maße auf die Sichtbarkeit der Interferenzerscheinung auswirkt als in dem im vorigen Abschnitt behandelten Falle, da in der Formel für dG

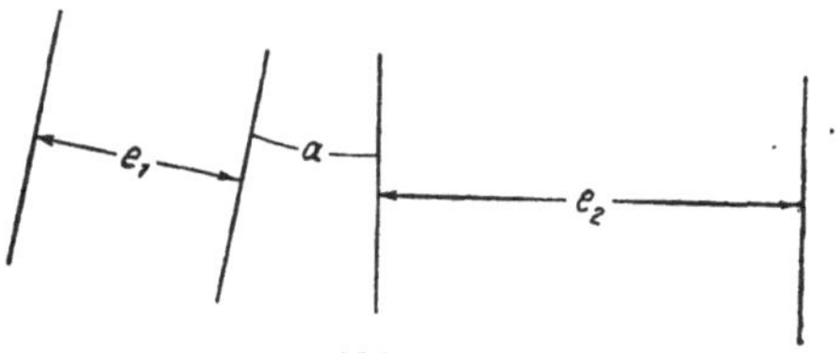

Abb. 12

$$dG = 2ne_1\,a\,di$$

noch der kleine Faktor a auftritt; die Interferenzerscheinung selbst wird hier also nur in sehr extremen Fällen auf die Fehlerquelle hinweisen.

Bei dem Komparator des Geodätischen Instituts muß diesem Korrektionsglied um so mehr Beachtung geschenkt werden, als durch Zusammenlegen der beiden mittelsten Etalonflächen in eine einzige Platte jede Möglichkeit genommen ist, einen durch fehlerhaften Schliff entstandenen Winkel a zu korrigieren. Das scheint auf den ersten Blick ein Nachteil der Vereinigung der beiden mittelsten Flächen zu einer einzigen Platte zu sein; man wird jedoch sehen, daß gerade hieraus umgekehrt der erhebliche Vorteil erwächst, das Korrektionsglied überhaupt zu eliminieren.

Es seien nun (Abb. 13) S_1 und S_2 die beiden Flächen der prismatisch angenommenen Platte, ζ sei eine Parallele zur Prismenkante, β der Prismenwinkel. Es werde ein Koordinatensystem x, y, z eingeführt, die y-Achse sei die Normale von S_2 in Richtung der Lichtbewegung, die x-Achse die Schnittlinie der Horizontalebene mit der Fläche S_2. Die Strahlen denke man sich als Einheitsvektoren. Der im Etalon 2 laufende Strahl S habe die Komponenten x_a, y_a, z_a, die sich unter Verwendung der Polarkoordinaten $90 - a = Sy$ und B für S schreiben:

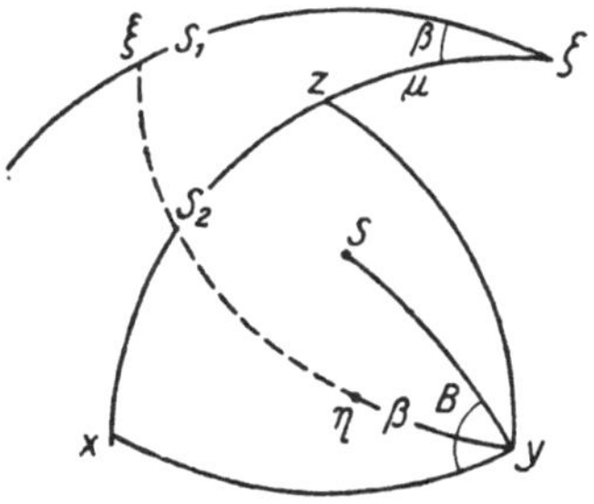

Abb. 13

$$x_a = \cos a\cos B$$
$$y_a = \sin a$$
$$z_a = \cos a\sin B\,.$$

Hieraus gehen die Komponenten des rückwärts verfolgten, in der Glasplatte verlaufenden Strahles hervor, wenn man statt des Austrittswinkels $90 - a$ den Einfallswinkel $90 - e$ setzt und B unverändert läßt, da die Brechung in der Einfallsebene stattfindet:

$$x_e = \cos e \cos B$$
$$y_e = \sin e$$
$$z_e = \cos e \sin B\,.$$

Die Beziehung zwischen a und e liefert das Berechnungsgesetz $\cos a : \cos e = \nu$ (der Berechnungsindex ist mit ν statt des üblichen n bezeichnet, da n für die Vervielfachungszahl vorbehalten bleibt). Man findet damit:

$$x_e = \frac{1}{\nu}\, x_a$$
$$y_e = \frac{1}{\nu} \sqrt{\nu^2 - 1 + y_a^2}$$
$$z_e = \frac{1}{\nu}\, z_a\,.$$

Um hieraus die Komponenten des weiter rückwärts verfolgten im ersten Etalon laufenden Strahles zu berechnen, führe man ein zweites Koordinatensystem ξ, η, ζ ein, bei dem die η-Achse die Normale zur Fläche S_1 in Richtung der Lichtbewegung ist. Der Winkel zwischen der z- und der ζ-Achse sei μ. μ und β sind, von der $+\,y$- bzw. $+\,\zeta$-Achse aus gesehen, im Uhrzeigersinne von der $+\,z$- bzw. $+\,y$-Achse ausgehend gezählt. In diesem System lautet die η-Komponente des Vektors x_e, y_e, z_e, die im folgenden allein gebraucht wird:

$$\eta_e = x_e \cos \mu \sin \beta + y_e \cos \beta + z_e \sin \mu \sin \beta\,.$$

Zwischen der Komponente η_a des im Etalon 1 verlaufenden, rückwärts verfolgten Strahles und η_e besteht dieselbe Beziehung wie zwischen y_a und y_e:

$$\eta_a = \nu \sqrt{\frac{1}{\nu^2} - 1 + \eta_e^2}\,.$$

y_a und η_a sind identisch mit dem cosinus der Einfallswinkel, man errechnet somit für den Wegunterschied der beiden interferierenden Strahlen:

$$G = 2\,n e_1 \eta_a - 2\,e_2 y_a = 2\,n e_1 (\eta_a - y_a) + 2\,\varepsilon y_a\,,$$

wenn $n e_1 = e_2 + \varepsilon$ gesetzt wird.

Zur Berechnung von η_a hat man zunächst:

$$\eta_e^2 = y_e^2 \cos^2\beta + [2\,y_e \cos\beta \sin\beta\,(x_e \cos\mu + z_e \sin\mu) + \sin^2\beta\,(x_e\cos\mu + z_e \sin\mu)^2]$$
$$= \frac{1}{\nu^2}(\nu^2 - 1 + y_a^2)\cos^2\beta + [\ldots]\,,$$

womit sich ergibt:

$$\eta_a^2 = y_a^2 \cos^2\beta + \nu^2 \sin\beta \left\{2 y_e \cos\beta\,(x_e \cos\mu + y_e \sin\mu) + \sin\beta\,(x_e\cos\mu + z_e\sin\mu)^2 + \left(\frac{1}{\nu^2} - 1\right)\sin\beta\right\}.$$

Wegen der Kleinheit von β entwickelt man nach Potenzen von $\sin\beta$ und erhält:

$$\eta_a = y_a \cos\beta \left(1 + \frac{\sin\beta\,\{\cdot\cdot\}\,\nu^2}{2\,y_a^2 \cos^2\beta} - \frac{1}{8}\,\frac{\sin^2\beta\,\{\,\}^2\,\nu^4}{y_a^4 \cos^4\beta} \ldots\right)$$

und damit schließlich:

$$\eta_a - y_a = -\,2\,y_a \sin^2\beta/2 + \sin\beta\,\frac{\{\cdot\cdot\}\,\nu^2}{2\,y_a\cos\beta} - \frac{\sin^2\beta\,\{\cdot\cdot\cdot\}^2\,\nu^4}{8\,y_a^3 \cos^3\beta}\,;$$

mit Rücksicht auf die Beobachtungsbedingungen — kleiner Einfallswinkel in der Horizontalebene, also B nahe 0 und 90° — e klein — zeigt die Untersuchung der Glieder 2. Ordnung, daß sie bei den überhaupt möglichen Werten von β weit unterhalb der erreichbaren Genauigkeit liegen. Somit erhält man schließlich für den Gangunterschied:

$$G = 2\,n e_1 \sin\beta\,\frac{y_e}{y_a}\,(x_a \cos\mu + z_a \sin\mu)\cdot\nu + 2\,\varepsilon y_a\,.$$

Das erste Glied entspricht dem oben erwähnten Korrektionsglied, es kann also nicht ohne weiteres vernachlässigt werden; durch Multiplikation mit dem Brechungsindex ν wird es noch vergrößert.

Dieses Korrektionsglied rührt im wesentlichen von x_a her, denn z_a ist immer sehr klein, da der Strahlengang bei vertikal gestellten Platten horizontal verläuft. Man kann aber den Einfluß von x_a ganz beseitigen, wenn man — und darin zeigt sich der Vorteil der Vereinigung der mittelsten Etalonplatten in eine einzige — die mittelste Platte um die Vertikale um 180° dreht. Bezeichnet man in der gedrehten Lage alle Größen mit einem Strich, so ist (s. Abb. 14)

$$\mu' = 2\pi - \mu, \quad \beta' = 2\pi - \beta,$$

und man erhält in der zweiten Lage:

$$G' = -2\,n e_1 \sin\beta \frac{y_e}{y_a}(x_a \cos\mu + z_a \sin\mu)\cdot\nu + 2\,\varepsilon y_a .$$

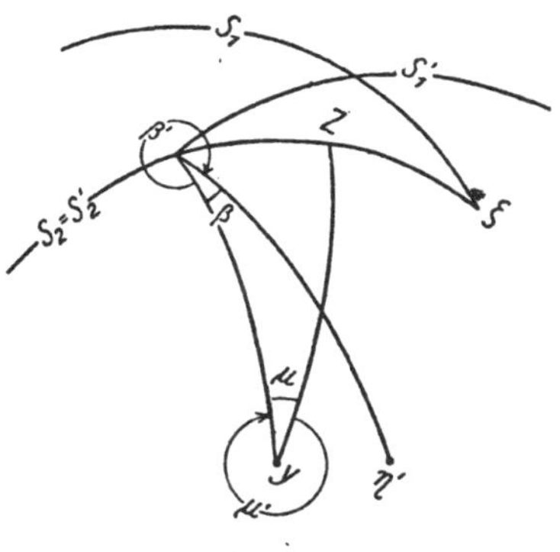

Abb. 14

Im Mittel aus beiden Lagen fällt also das von x_a abhängende Korrektionsglied vollständig heraus. Der Einfluß von z_a ist verschwindend, wenn man bei vertikal stehenden Platten den Strahlengang möglichst horizontal verlaufen läßt; dies ist dann analog dem Sonderfall des normalen Strahlenganges bei Fabry-Perot. Die für die Elimination von x_a erforderliche Gleichheit von μ in beiden Lagen erreicht man völlig hinreichend durch rohe Justierung mittels einer auf die Spiegelkanten gesetzten Libelle. Streng genommen müßte man in der oben gegebenen Entwicklung noch eine mögliche kleine Veränderung der Größen ne_1, ε, x_a, y_a beim Übergang zur zweiten Lage in Betracht ziehen. Die daher rührenden Korrektionsglieder sind jedoch alle weit unter der erreichbaren Genauigkeitsgrenze, von ihrer Behandlung soll daher hier abgesehen werden. Die Untersuchung der verwendeten Platte hat im übrigen nur sehr geringe Keilwinkel ergeben; nach der dargelegten Theorie resultieren hieraus keine Meßfehler.

§ 4. Theorie des Vergleichs des Ausgangsetalons mit der 12.5 cm-Strecke

Es soll zunächst die Art der auftretenden Interferenzerscheinung näher betrachtet werden. Wie bereits in der Einleitung bemerkt, besteht das Beobachtungsverfahren darin, den einen Etalon gegen den anderen meßbar zu kippen. Man hat in diesem Falle — von den mehrfachen Reflexionen zunächst abgesehen — neben der Lichtquelle die beiden virtuellen Lichtquellen L_1 und L_2, die auf den betreffenden Etalonnormalen durch L im Abstand $2\,ne_1$ bzw. $2\,e_2$ von L aus liegen (Abb. 15). Da man die Interferenzerscheinung im weißen Licht beobachtet, also nur mit ganz geringem Gangunterschied arbeitet, soll von L weiterhin ganz abgesehen werden. Die Flächen konstanten Gangunterschiedes sind die zweischaligen Hyperboloide mit den Brennpunkten L_1 und L_2 und der Achse $L_1 L_2$. Die Interferenzstreifen als Durchschnitte dieser Hyperboloide mit der Beobachtungsebene sind also, je nach der Lage derselben, Kegelschnitte mit ihren Spezialfällen Gerade und Kreis. Wie bei allen Anordnungen mit planparallelen Platten beobachtet man, um hinsichtlich der Schärfe der Interferenzerscheinung von der Größe der Lichtquelle unabhängig zu sein, in sehr weiter Entfernung von der Lichtquelle, d. h. praktisch mit Einstellung auf ∞; alle von L_1 und L_2 ausgehenden Parallelstrahlen werden also in einem Punkt vereinigt. Der Wegunterschied in irgendeiner Richtung ε gegen die Plattennormale des Etalons 2 ist gleich $L_2 N$ ($L_1 N$ ist das Lot auf die von L_2 ausgehende Richtung) oder gleich

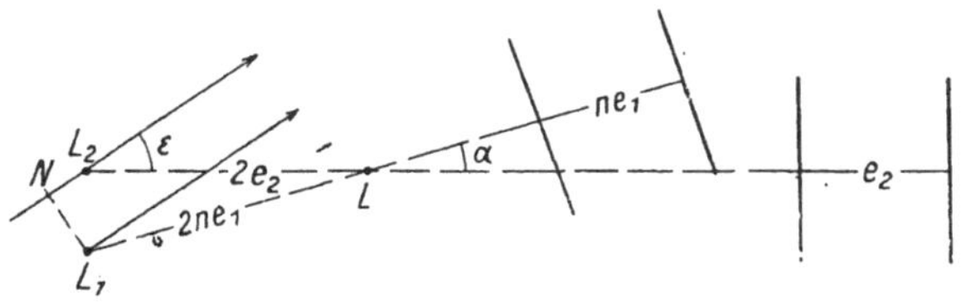

Abb. 15

$$2\,e_2 \cos\varepsilon - 2\,ne_1 \cos(\varepsilon - \alpha).$$

Soll nun eine Interferenzerscheinung im weißen Licht auftreten, so muß $L_2 N$ sehr klein sein. Der Gangunterschied 0 herrscht in der Richtung ε, für die

$$2\, e_2 \cos \varepsilon - 2\, n e_1 \cos (\varepsilon - \alpha) = 0 .$$

Wollte man also in diesem allgemeinen Falle das Auftreten des achromatischen Streifens zur Messung benutzen, so hätte man neben α noch den Winkel ε zu messen. Das ist lästig. Man geht daher besser so vor, daß man von vornherein mit einem festen Wert ε arbeitet, der jederzeit leicht herstellbar ist. Hierfür ist geeignet der Wert $\varepsilon = 0$, d. h. Beobachtung in Richtung der Plattennormalen von Etalon 2, die sich durch Autokollimation jederzeit finden bzw. kontrollieren läßt. Damit nun in der Richtung $\varepsilon = 0$ der Gangunterschied Null herrscht, muß N mit L_2 zusammenfallen und zwischen e_2 und e_1 die Beziehung gelten

$$2\, e_2 = 2\, n e_1 \cos \alpha ,$$

die zur Berechnung von e_2 aus dem bekannten e_1 und α dient. Die Fläche des Gangunterschiedes Null ist die Mittelnormalebene zu $L_1 L_2$; sie ist parallel zur Schnittkante beider Etalons. Der Interferenzstreifen des Gangunterschiedes Null als Schnittlinie dieser Ebene mit der zu $L_2 L$ senkrecht stehenden Fokalebene ist also eine Gerade parallel zur Schnittkante. Die benachbarten Interferenzstreifen sind Hyperbeln, die sich in dem begrenzten Gesichtsfeld natürlich praktisch nicht von Geraden unterscheiden. Die Streifenbreite im Winkelmaß berechnet sich zu

$$d\varepsilon = \frac{\lambda}{(2\, n e_1 \cos \alpha - 2\, e_2) \sin \varepsilon - 2\, n e_1 \cos \varepsilon \sin \alpha} \approx - \frac{\lambda}{2\, n e_1 \sin \alpha}$$
$$= - \frac{\lambda}{2 \sqrt{(n e_1 - e_2) \cdot (n e_1 + e_2)}} .$$

Die Streifenbreite hängt also vom Winkel α bzw. von der Differenz $n e_1 - e_2$ ab. Man hat somit in der Hand, der Streifenbreite den für die Messung günstigsten Wert zu geben. Aus der Herleitung der Interferenzerscheinung ist übrigens zu ersehen, daß die Herstellung des Gangunterschiedes Null für die Richtung $\varepsilon = 0$ nur möglich ist, wenn $L L_1 \geqq L L_2$, der zu kippende Etalon also etwas größeren Plattenabstand hat als der feststehende. Ist $2\, n e_1 < 2\, e_2$, so gibt es nur zwei symmetrisch zur Plattennormale des Etalons 2 gelegene „Minimalrichtungen", in die der achromatische Streifen höchstens gelangen kann. Diese Richtungen sind die Normalen zu den von L_2 aus gelegten Tangenten an den von L_1 bei der Kippung beschriebenen Kreis. Der achromatische Streifen liegt hier in der Richtung der Normalen des Etalons 1. Diesen Fall hat neuerdings Cabrera wegen der leichteren Möglichkeit der mikrometrischen Messung des Winkels $L_1' L L_1''$ vorgeschlagen.

Nach dieser Betrachtung, die nur dem Einblick in die zu erwartende Interferenzerscheinung und die Art ihrer Verwendung dient, soll eine eingehendere Behandlung stattfinden, die auch die mehrfachen Reflexionen berücksichtigt. In diesem Fall hat man neben den einfachen, virtuellen Bildern L_1 und L_2 noch die virtuellen Bilder $L_1^{(k)}$ und $L_2^{(k)}$ in den Abständen $2\, k n e_1$ und $2\, k e_2$ von L zu berücksichtigen. Ist bei Vereinigung in ∞ der Schwingungszustand der direkt von L ausgehenden Welle in jedem Moment $e^{2\pi i \nu t}$, so hat man, wenn zur Abkürzung gesetzt wird

$$\frac{2\, n e_1 \cos (\varepsilon - \alpha)}{\lambda} = E_1 \quad \text{und} \quad \frac{2\, e_2 \cos \varepsilon}{\lambda} = E_2 ,$$

folgende Wellen zu superponieren (ϱ = Reflexionskoeffizient, vom Durchlässigkeitskoeffizienten wird wieder abgesehen):

$$e^{2\pi i \nu t}$$
$$\varrho^2 e^{2\pi i (\nu t - E_1)} \qquad \varrho^2 e^{2\pi i (\nu t - E_2)}$$
$$\varrho^{2k} e^{2\pi i (\nu t - k E_1)} \qquad \varrho^{2k} e^{2\pi i (\nu t - k E_2)} .$$

Die Superposition ergibt:

$$e^{2\pi i \nu t} \left(1 + \frac{\varrho^2 e^{-2\pi i E_1}}{1 - \varrho^2 e^{-2\pi i E_1}} + \frac{\varrho^2 e^{-2\pi i E_2}}{1 - \varrho^2 e^{-2\pi i E_2}} \right) .$$

Multiplikation dieses Ausdrucks mit dem konjugiert komplexen Wert gibt die Intensität; man erhält ein Aggregat, welches vier verschiedene Sorten von Gliedern enthält:

1. Ein konstantes Glied
2. Ein Glied abhängig von $\cos 2\pi E_1$
3. Ein Glied abhängig von $\cos 2\pi E_2$
4. Das Glied $\dfrac{4\varrho^4 \cos^2 \pi (E_2 - E_1) - 4\varrho^6 \cos \pi (E_2 - E_1) \cos \pi (E_2 + E_1)}{(1 + \varrho^4 - 2\varrho^2 \cos 2\pi E_1)(1 + \varrho^4 - 2\varrho^2 \cos 2\pi E_2)}$.

Für homogenes Licht ist also die Interferenzerscheinung sehr kompliziert. Die Glieder 2 und 3 stellen die im einfachen Etalon auftretenden Haidingerschen Ringe dar. Um die Erscheinung bei Verwendung weißen Lichtes zu erhalten, ist der Intensitätsausdruck über alle Wellenlängen zu integrieren. Da nun ne_1 und e_2 große Werte haben, durchlaufen bei der Integration über λ $2\pi n E_1$, $2\pi E_2$ und $2\pi(E_1 + E_2)$ sehr viele Perioden, der Wert dieser Glieder ist daher für weißes Licht praktisch Null. Es bleibt also nur das Glied

$$\frac{4\varrho^4 \cos^2 \pi (E_2 - E_1)}{(1 + \varrho^4 - 2\varrho^2 \cos 2\pi E_1)(1 + \varrho^4 - 2\varrho^2 \cos 2\pi E_2)}.$$

Der Zähler variiert, wenn $2e_2 \cos \varepsilon - 2ne_1 \cos(\varepsilon - \alpha)$ sehr klein ist, mit λ nur wenig, dieses Glied stellt also die oben beschriebene Interferenzerscheinung dar, der weiße achromatische Streifen liegt in der Richtung ε, für die

$$2e_2 \cos \varepsilon - 2ne_1 \cos(\varepsilon - \alpha) = 0.$$

Der wegen des Auftretens von $\cos 2\pi E_1$ bzw. $\cos 2\pi E_2$ rasch veränderliche Nenner übt einen Einfluß nur insofern aus, als der achromatische Streifen sich als Weiß höherer Ordnung darstellt. Für die Streifenbreite ergibt sich derselbe Wert wie früher. Die Berücksichtigung der mehrfachen Reflexionen ändert an der ganzen Erscheinung nichts wesentliches, insbesondere bleibt die Richtung, in der der achromatische Streifen auftritt, unberührt. Es genügt daher bei der weiteren Behandlung nur die einfache Reflexion zu berücksichtigen.

Der bisher abgeleitete Ausdruck für den Gangunterschied gilt für exakten Parallelismus der Etalonplatten. Dieser kann beim Ausgangsetalon seiner Konstruktion und sorgfältigen Herstellung entsprechend als stets vorhanden angenommen werden. Dagegen muß bei dem zweiten damit zu vergleichenden Etalon, dessen Plattenabstand dauernd korrigiert werden muß, mit Abweichungen vom Parallelismus gerechnet werden. Es ist daher zu untersuchen, ob solche Abweichungen Fehler in die Messungen hereinbringen bzw. bis zu welcher Größe sie zulässig sind.

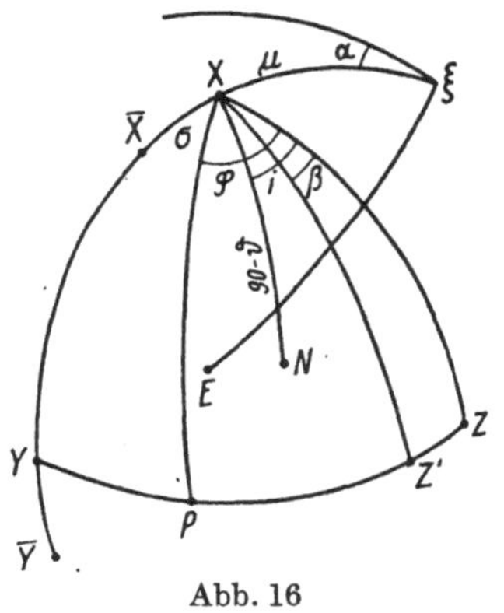

Abb. 16

Nimmt man also an, der zweite Etalon besitze einen Keilwinkel β, so ist zunächst der Gangunterschied der von einem Punkt P der Lichtquelle ausgehenden Strahlen bei Vereinigung in ∞ einer bestimmten Richtung zu berechnen. Diese Berechnung erfolgt am einfachsten, wenn man den Strahlengang umkehrt und nach dem Gangunterschied fragt, den eine in der betreffenden Richtung einfallende ebene Welle im Punkt P erzeugt. Die x-Achse eines Koordinatensystems werde in die Schnittkante S der Platten des zweiten Etalons gelegt (Abb. 16), die z- bzw. z'-Achse seien die Plattennormalen entgegengesetzt zur Lichtbewegung in der durch P gelegten Normalebene zur Schnittkante[1]). Die Wellennormale N der einfallenden ebenen Welle sei festgelegt durch die Polarkoordinaten i und ϑ. Die Normale N' der im Etalon 2mal reflektierten Welle hat dann die Koordinaten $i + 2\beta$ und ϑ. Beide Wellenebenen schneiden sich in der x-Achse. Der Wegunterschied in P zwischen direkter und 2mal reflektierter Welle ist gleich der Differenz beider Wellennormalen durch P, also gleich PS $(\cos NP - \cos N'P)$ oder

$$G = PS \cos\vartheta\,[\cos(i - \varphi) - \cos(i + 2\beta - \varphi)]$$
$$= 2d \sin\beta \sin(i + \beta)\cos\vartheta - 2e_2 \cos(i + \beta)\cos\vartheta.$$

[1]) In der Abbildung bedeutet P den Bildpunkt der Richtung SP auf der Richtungskugel.

Darin ist $d = PS \cos\varphi$ der Abstand der Lichtquelle von der ersten Etalonplatte und $e_2 = PS \sin\varphi \sin\beta$ die Keildicke im Fußpunkt der Etalonnormalen durch P.

Für das Folgende werde die Richtung des einfallenden Lichts gegen ein System $\overline{X}$, $\overline{Y}$, $\overline{Z} = Z$ festgelegt, das gegen das XYZ-System um den Winkel $\measuredangle\,\sigma$ gedreht ist. Sind i' und ϑ' die Bestimmungsstücke von N in diesem System, also

$$\cos\vartheta \cos i = \cos\vartheta' \cos i'$$
$$\cos\vartheta \sin i = \sin\vartheta' \sin\sigma + \cos\vartheta' \cos\sigma \sin i',$$

so erhält man für G:

$$G = 2e_2 [\sin\beta (\sin\vartheta' \sin\sigma + \cos\vartheta' \cos\sigma \cos i') - \cos\beta \cos i' \cos\vartheta']$$
$$+ 2d \sin\beta [\sin\beta \cos i' \cos\vartheta' + \cos\beta (\sin\vartheta' \sin\sigma + \cos\vartheta' \cos\sigma \sin i')] .$$

Bei der Messung ist nun der erste Etalon gegen den zweiten um einen kleinen Winkel α gedreht. Der erste Etalon sei gegen den zweiten festgelegt durch den Winkel μ zwischen der $\overline{X}$-Achse und der Schnittkante ξ seiner Platte mit der ersten Platte (der $\overline{X}\overline{Y}$-Ebene) des zweiten Etalons; um die Achse ξ ist er dann um den Winkel α gedreht. Ist E die Plattennormale des ersten Etalons, so ist Winkel $E\xi\overline{X} = 90^0 - \alpha$. Der Wegunterschied zwischen direktem und reflektiertem Strahl ist gleich $-2e_1 \cos NE$. Zur Berechnung von $\cos NE$ dienen die Formeln:

$$\cos NE = \sin N\xi \cdot \sin(\alpha + \measuredangle\,\overline{X}\xi N)$$
$$\sin N\xi \sin \measuredangle\,\overline{X}\xi N = \cos\vartheta' \cos i'$$
$$\sin N\xi \cos \measuredangle\,\overline{X}\xi N = \sin\vartheta' \sin\mu + \cos\vartheta' \cos\mu \sin i' .$$

Damit ergibt sich schließlich für den Wegunterschied der in beiden Etalons reflektierten Strahlen, wenn den Beobachtungsverhältnissen entsprechend zweimalige Reflexion im ersten Etalon angenommen wird:

$$G = 2e_2 [\sin\beta (\sin\vartheta' \sin\sigma + \cos\vartheta' \cos\sigma \sin i') - \cos\beta \cos i' \cos\vartheta']$$
$$+ 2d \sin\beta [\sin\beta \cos i' \cos\vartheta' + \cos\beta (\sin\vartheta' \sin\sigma + \cos\vartheta' \cos\sigma \sin i')]$$
$$- 4e_1 [\sin\alpha (\sin\vartheta' \sin\mu + \cos\vartheta' \cos\mu \sin i') + \cos\alpha \cos\vartheta' \cos i'] .$$

Eine Diskussion dieser Formel (die hierzu zweckmäßigerweise durch Einführung geeigneter Koordinaten umgestaltet wird, s. Schluß dieses Paragraphen) würde für den speziellen Fall $\beta = 0$ hinsichtlich der Art der Interferenzerscheinung die schon oben auf einfacherem Wege erhaltenen Ergebnisse liefern. Der allgemeine Fall $\beta \neq 0$ ist ohne wesentliches Interesse und soll daher nicht weiter diskutiert werden.

Das Auftreten des achromatischen Streifens in der beobachteten Richtung i_0[1]), ϑ_0 gibt die Beziehung zwischen e_1 und e_2, indem man $G = 0$ und statt i' bzw. ϑ' i_0 und ϑ_0 setzt.

Die Lichtquelle hat nun eine bestimmte Ausdehnung, bei der hier benutzten Anordnung etwa 15 mm. Mit Rücksicht auf die erstrebte Schärfe der Interferenzerscheinung kann dann β keine erheblichen Werte annehmen, wenn der achromatische Streifen gut einstellbar sein soll. Setzt man als zulässige Schwankung des Wegunterschiedes aller zur Interferenz kommenden Strahlen $0.2\,\lambda$, so erhält man bei der Breite b der Lichtquelle den zulässigen Wert von β mittels

$$2b \sin\beta = 0.2\,\lambda$$

zu rund $0''.7$ für $\lambda = 500$ mμ. Ein größerer Wert von β würde sich schon als eine Verschlechterung der Interferenzerscheinung bemerkbar machen und den Beobachter zu einer Korrektion des Parallelismus veranlassen. Die Lichtquelle liegt nun nahe dem Etalon. Ist maximal $d = 1$ m, also $d : e_2 = 8$, und nimmt man i_0 und ϑ_0 zu $10''$ an, so gibt das $d \sin\beta$ enthaltende Glied den relativen maximalen Fehler $\approx 2 \cdot 10^{-9}$, das Glied $e_2 \sin\beta$ einen 8mal kleineren Wert, die Glieder mit β^2 sind rund 14mal kleiner. Daher ist als völlig ausreichend für die Reduktion der Beobachtungen anzusetzen, insofern eben größere Werte von β als oben angegeben vom Beobachter korrigiert werden:

---

[1]) i_0 und ϑ_0 sollen sich von jetzt ab zur Vereinfachung der Schreibweise auf das $\overline{X}\overline{Y}\overline{Z}$-System beziehen.

$$0 = -e_2 \cos i_0 \cos \vartheta_0 + 2 e_1 (\sin \alpha \sin \vartheta_0 \sin \mu + \sin \alpha \cos \vartheta_0 \cos \mu \sin i_0 + \cos \alpha \cos \vartheta_0 \cos i_0).$$

Für $i_0 = \vartheta_0 = 0$ geht die oben schon direkt gefundene Beziehung $0 = -e_2 + 2 e_1 \cos \alpha$ hervor.

Um die gefundene Formel zur Reduktion der Beobachtungen benutzen zu können, muß der Winkel α durch die der Messung zugänglichen Größen, nämlich den Drehwinkel der den Etalon tragenden Brücke, ausgedrückt werden. Im Idealfall sollte bei einer bestimmten Lage der Brücke die Etalonnormale parallel zur Normale des zweiten Plattenpaares sein. Das wird infolge unvermeidlicher Verlagerungen nicht immer der Fall sein, es werde daher ganz allgemein angenommen, daß in dieser Nullage beide Normalen nicht völlig parallel zueinander liegen und daß auch die Drehachse der Brücke nicht genau senkrecht zur Etalonnormale liegt. In Abb. 17 sei Z_2 die Normale des zweiten Plattenpaares, D die Drehachse. Durch Z_2 und D sei die Koordinatenebene $Y_2 Z_2$ gelegt, $X_2 Y_2 Z_2$ sei dann das System, auf das sich i_0 und ϑ_0 beziehen. Z_1 sei die Etalonnormale bei der Brückenlage, bei der sie parallel zur Ebene $Y_2 Z_2$ liegt, $Z_1 Z_2$ ist also der Fehler im Parallelismus beider Etalons. Es sei $DZ_2 = 90 - \tau_2$, $DZ_1 = 90 - \tau_1$; τ_1 und τ_2 sind kleine Winkel von höchstens einigen Bogenminuten (die Justierfehler), $\tau_1 - \tau_2$ dagegen wird nur einige Sekunden betragen. Aus der in der Figur angenommenen Lage werde nun der Etalon durch Kippen der Brücke um die Achse D in die Lage $X_1' Y_1' Z_1'$ gedreht. Diese Lage wird gegen die Ausgangslage durch den Winkel $X_1' D Z_2 = \delta$ fixiert. In der neuen Lage schneidet die $X_1' Y_1'$-Ebene die $X_2 Y_2$-Ebene in S, der Schnittkante der Flächen beider Etalons. Im Sinne der früheren Festsetzungen ist dann $SX_2 = 180 - \mu$ und $\measuredangle X_1' S X_2 = \alpha$. Aus $\Delta X_1' S X_2$ erhält man folgende Beziehungen zwischen α und δ:

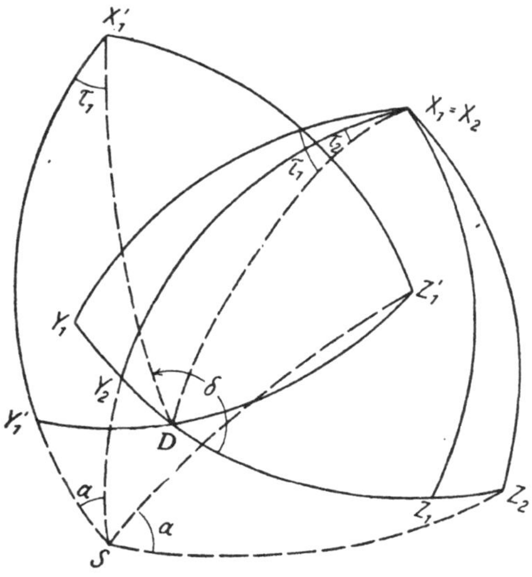

Abb. 17

$$\begin{aligned} \sin \alpha \sin \mu &= -\cos \delta \cos \tau_1 \\ \sin \alpha \cos \mu &= \sin \tau_1 \cos \tau_2 - \cos \tau_1 \sin \tau_2 \sin \delta \\ \cos \alpha &= \sin \tau_1 \sin \tau_2 + \cos \tau_1 \cos \tau_2 \sin \delta . \end{aligned}$$

Mit diesen Werten nimmt die Beziehung für das Auftreten des achromatischen Streifens die Gestalt an:

$$0 = e_2 \cos i_0 \cos \vartheta_0 - 2e_1 [K \cos \vartheta_0 - m \cos (M + \delta_1)].$$

Dabei ist die betrachtete Lage als Lage 1 durch den Index 1 gekennzeichnet und gesetzt worden:

$$\begin{aligned} \sin \tau_1 \sin \tau_2 \cos i_0 + \sin \tau_1 \cos \tau_2 \sin i_0 &= K \\ \cos \tau_1 \cos \tau_2 \cos i_0 \cos \vartheta_0 - \cos \tau_1 \sin \tau_2 \sin i_0 \cos \vartheta_0 &= m \sin M \\ \cos \tau_1 \sin \vartheta_0 &= m \cos M . \end{aligned}$$

Ebenso hat man für eine zweite, wegen der fehlerhaften Justierung nur nahezu symmetrische Lage:

$$0 = e_2 \cos i_0 \cos \vartheta_0 - 2 e_1 [K \cos \vartheta_0 - m \cos (M + \delta_2)].$$

Demnach muß sein

$$\cos (M + \delta_1) = \cos (M + \delta_2).$$

Die Ausdrücke für $m \sin M$ und $m \cos M$ zeigen, daß $m \cos M$ sehr klein, $m \sin M$ nahezu $+1$, also M nahe $\pi/2$ ist. Bei den kleinen Drehungen, um die es sich hier handelt, sind ferner δ_1 und δ_2 nahe $\pi/2$; also kann man

$$M + \delta_1 = \pi + \Delta, \quad M + \delta_2 = \pi - \Delta$$

setzen und erhält damit aus der Addition der beiden Gleichungen für den Gangunterschied Null:

$$0 = e_2 \cos i_0 \cos \vartheta_0 - 2 e_1 \left(K \cos \vartheta_0 + m \cos \frac{\delta_1 - \delta_2}{2}\right),$$

$\delta_1 - \delta_2$ ist der Winkel, um den der Etalon beim Übergang von Lage 1 zu Lage 2 gekippt wird; er ist der Messung direkt zugänglich. Für m berechnet man

$$m^2 = \cos^2 \tau_1 [1 - \cos^2 \vartheta_0 \sin^2 (\tau_2 + i_0)] = \cos^2 \tau_1 \cos^2 (\tau_2 + i_0) [1 + \sin^2 \vartheta_0 \, tg^2 (\tau_0 + i_0)].$$

Das letzte Glied der Klammer kann vernachlässigt, also

$$m \approx \cos \tau_1 \cos (\tau_2 + i_0)$$

gesetzt werden. Damit und mit dem Wert für K wird die Formel:

$$0 = e_2 \cos i_0 \cos \vartheta_0 - 2 e_1 \left[\sin \tau_1 \sin (\tau_2 + i_0) \cos \vartheta_0 + \cos \frac{\delta_1 - \delta_2}{2} \cos \tau_1 \cos (\tau_2 + i_0)\right].$$

Im Glied $\sin \tau_1 \sin (\tau_2 + i_0) \cos \vartheta_0$ kann $\cos \vartheta_0 = 1$ gesetzt werden. Ersetzt man noch $\cos \frac{\delta_1 - \delta_2}{2}$ durch $1 - \frac{1}{2}\left(\frac{\delta_1 - \delta_2}{2}\right)^2$, so ergibt sich:

$$\begin{aligned} 0 &= e_2 \cos i_0 \cos \vartheta_0 - 2 e_1 \left[\cos (\tau_1 - \tau_2 - i_0) - \frac{(\delta_1 - \delta_2)^2}{8} \cos \tau_1 \cos (\tau_2 + i_0)\right] \\ &= e_2 \cos \vartheta_0 - 2 e_1 \left[\cos (\tau_1 - \tau_2) + \sin (\tau_1 - \tau_2) \, tg \, i_0 - \frac{(\delta_1 - \delta_2)^2}{8} \cos \tau_1 (\cos \tau_2 - \sin \tau_2 \, tg \, i_0)\right]. \end{aligned}$$

$\tau_1 - \tau_2$ erreicht nur Beträge von einigen Sekunden, maximal etwa 10''; $\frac{\delta_1 - \delta_2}{2}$ ist maximal etwa 4'. Setzt man für τ_1 und τ_2 den Betrag von 1' an, so haben die einzelnen Glieder die Werte

$$\cos (\tau_1 - \tau_2) = 1 - \frac{1}{8} \cdot 10^{-8}, \quad \sin (\tau_1 - \tau_2) \, tg \, i_0 = 1 \cdot 5 \cdot 10^{-8}.$$

Das Glied $\frac{(\delta_1 - \delta_2)^2}{8} \sin \tau_2 \, tg \, i_0$ ist natürlich bedeutungslos. Man sieht, daß τ_1, τ_2 und i_0 keine erheblichen Beträge erreichen dürfen, wenn diese Glieder unberücksichtigt bleiben sollen. Halten sich also die Justierfehler in den oben angegebenen Grenzen, so genügt zur Reduktion der Beobachtungen der Ausdruck

$$e_2 \cos \vartheta_0 - 2 e_1 \left[1 - \frac{1}{2}\left(\frac{\delta_1 - \delta_2}{2}\right)^2\right] = 0,$$

oder noch einfacher, da nach Möglichkeit ϑ_0 immer nahe Null gehalten wird:

$$e_2 = 2 e_1 \left[1 - \frac{1}{2}\left(\frac{\delta_1 - \delta_2}{2}\right)^2\right].$$

Diese einfache Reduktionsformel ergibt sich natürlich ohne weiteres aus den allgemeinen geometrischen Betrachtungen am Anfang dieses Paragraphen bei Vernachlässigung aller Justierfehler; die Berechtigung zur Vernachlässigung der letzteren ist jetzt nachgewiesen.

Es muß jedoch noch auf eine weitere Fehlerquelle eingegangen werden, die in der prismatischen Form der Deckplatten des Etalons liegt. Die Abhängigkeit der Ablenkung vom Einfallswinkel wirkt theoretisch wie eine zusätzliche an der Brücke nicht ablesbare Neigung des Etalons; bei der Kleinheit des Prismenwinkels von etwa 10' ist allerdings ein nennenswerter Einfluß nicht zu erwarten.

In Abb. 18 seien N_1 und N_2 die Normalen der brechenden Flächen der Deckplatte, N_2 gehöre der verspiegelten Fläche an, $N_1 N_2 = e$ ist der brechende Winkel. A bezeichne die Richtung eines aus dem Etalon tretenden Strahles, der die spiegelnde Fläche normal trifft, also den Etalon in der Normalenrichtung N_2 durchläuft. A muß dann im Hauptschnitt $N_1 N_2$ liegen und die Richtung nach der Brechung an N_1 mit N_2 zusammenfallen; es ist daher $\sin a = n \sin e$. Da es bei allen Gangunterschiedsberechnungen nur auf den Winkel des Strahles gegen die Etalonnormale ankommt, kann für den speziell gerichteten Strahl A der Etalon durch die Richtung A selbst ersetzt werden. Das gilt mit hinreichender Näherung auch für beliebig gelegene Strahlen. Ein solcher Strahl S sei festgelegt durch die Koordinaten s und μ gegen den Bogen $N_1 N_2$. Denkt man sich den Strahl rückwärts verfolgt, so sei G dieser Strahl nach der Brechung an N_1, S' nach der Brechung an N_2. S' ist also die Richtung, in der der Strahl den Etalon durchläuft; für die Berechnung des Gangunterschiedes wird der Winkel $S'N_2$ gebraucht. Das Brechungsgesetz liefert zunächst die Formeln:

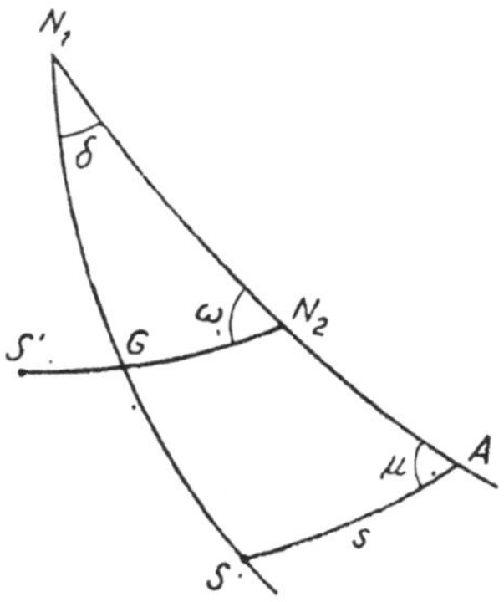

Abb. 18

$$(1)\ \frac{\sin a}{\sin e} = n \qquad (2)\ \frac{\sin SN_1}{\sin GN_1} = n \qquad (3)\ \frac{\sin S'N_2}{\sin GN_2} = n\,.$$

Damit erhält man:

$$(4)\quad \sin S'N_2 \sin \omega = \sin s \sin \mu$$

$$(5)\quad \sin S'N_2 \cos \omega = n \sin e \cos N_1 G - n \sin N_1 G \cos e \cos \delta\,.$$

Ferner liefert $\Delta\, N_1 A S'$ die Beziehungen:

$$(6)\quad \sin N_1 S \sin \delta = \sin s \sin \mu$$

$$(7)\quad \sin N_1 S \cos \delta = n \sin GN_1 \cos \delta = \cos s \sin a - \sin s \cos a \cos \mu\,.$$

Mittels der ersten Gleichung (7) schreibt sich (5):

$$(5')\quad \sin S'N_2 \cos \omega = n \sin e \cos N_1 G - \cos e\,(\cos s \sin a - \sin s \cos a \cos \mu)\,,$$

die man durch Ersatz der $\cos x$ durch $1 - 2\sin^2 x/2$ noch umformt in

$$(5'')\quad \sin S'N_2 \cos \omega = \sin s \cos \mu - P$$

mit

$$\frac{P}{\sin s} = \frac{2 \sin a}{\sin s}\left(\sin^2 \frac{N_1 G}{2} - \sin^2 \frac{e}{2}\right) - tg\,\frac{s}{2} \sin a \cos e + 2 \cos \mu \left(\sin^2 \frac{e}{2} + \sin^2 \frac{a}{2} \cos e\right).$$

Aus (5) und (5'') findet sich:

$$(8)\quad \sin S'N_2 = \sin s \left[1 - 2 \cos \mu \frac{P}{\sin s} + \left(\frac{P}{\sin s}\right)^2\right]^{1/2}.$$

Zur Berechnung von $\frac{P}{\sin s}$ schreibt man:

$$\sin^2 \frac{N_1 G}{2} - \sin^2 \frac{e}{2} = \frac{1}{2}(\cos e - \cos N_1 G) = \frac{1}{2}\left(\sqrt{1 - \frac{1}{n^2}\sin^2 a} - \sqrt{1 - \frac{1}{n^2}\sin^2 N_1 S}\right).$$

Aus (6) und (7) berechnet man $\sin^2 N_1 S$; ersetzt man darin $\cos^2 s \sin^2 a$ durch $(1 - \sin^2 s) \sin^2 a$, so folgt:

$$\sin^2 \frac{N_1 G}{2} - \sin^2 \frac{e}{2} = \frac{1}{2}\left(\frac{1}{2n^2}\sin^2 s\,(\sin^2 \mu + \cos^2 a \cos^2 \mu) - \frac{1}{n^2} \sin s \cos s \sin a \cos a \cos \mu - \frac{1}{2n^2} \sin^2 s \sin^2 a\right).$$

Daraus ersieht man, daß $P/\sin s$ eine Größe 2. Ordnung in a oder s ist. Daher ist zufolge (8) bis auf Größen 3. Ordnung:

$$\sin S'N_2 = \sin s\,, \qquad \text{d. h. } S'N_2 = s\,.$$

Glieder dritter Ordnung sind aber ohne jede Bedeutung. Aus

$$e_2 - 2\,e_1 \cos a = 0$$

folgt:

$$\frac{d\,e_2}{e_2} = -\,tg\,a\,d\,a\,.$$

a ist etwa 5′, bei einem brechenden Winkel e von 10′ ist a rund 15′. Größenordnungsmäßig sind also die vernachlässigten Glieder 3. Ordnung da annähernd $a^3 \approx (15 \cdot 60 \cdot \sin 1'')^3$ und damit erhält man

$$\frac{d\,e_2}{e_2} \approx 2 \cdot 10^{-10},$$

also ohne jede Bedeutung.

Mit völlig ausreichender Genauigkeit ist also der Winkel $S'N_2$, unter dem der Strahl S den Etalon durchläuft, gleich dem Winkel s, den dieser Strahl mit der Richtung A bildet. Man kann also ganz allgemein von der Brechung in den Deckplatten absehen, wenn man statt der Etalonnormalen die Richtung A einführt, in der ein den Etalon normal verlaufender Strahl diesen verläßt. Bei der Justierung des Etalons auf seinem Gestell arbeitet man aber auch nur mit dieser Richtung A, da man den Etalon so einrichtet, daß er die vorher zur Drehachse der Brücke senkrecht orientierte Visierlinie durch Autokollimation in sich zurückwirft. Dasselbe findet statt bei der Orientierung des Etalons zum Zwecke des Vergleichs mit dem 12,5-cm-Etalon, bei der die zunächst gewünschte Parallelstellung beider Etalons durch Deckung des durch normal zum zweiten Etalon hindurchgehende Strahlen erzeugten direkten Bildes mit den zwischen beiden Etalons durch Reflexion erzeugten Bildern erfolgt. Daher kann unverändert Abb. 17 und die darangeknüpfte Rechnung beibehalten werden, wenn man als Koordinatenachse Z_1 bzw. Z_1' statt der Etalonnormale die Richtung A wählt.

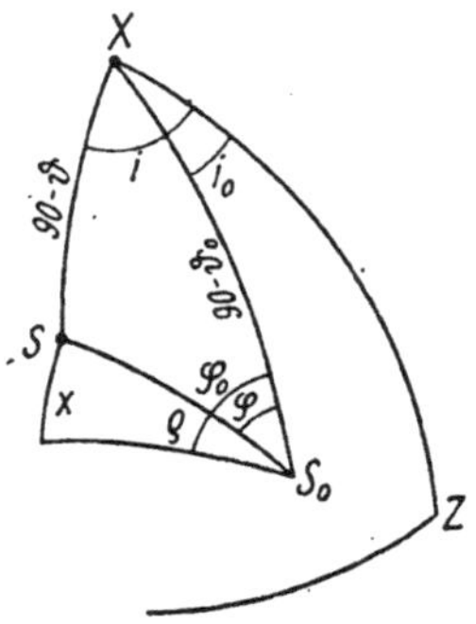

Abb. 19

Es sollen hier noch einige kurze Bemerkungen über den Streifenabstand folgen, die weniger für die Theorie wichtig sind, jedoch für das praktische Arbeiten eine gewisse Bedeutung haben. Dazu legt man zweckmäßigerweise einen beliebigen Strahl $S\ (\vartheta, i)$ gegen den Strahl $S_0\ (\vartheta_0, i_0)$ fest durch die Koordinaten ϱ und φ (Abb. 19), die mit den ϑ und i in der Beziehung stehen:

$$\begin{aligned}
\cos\vartheta \sin(i - i_0) &= \sin\varrho \sin\varphi \\
\cos\vartheta \cos(i - i_0) &= \cos\varrho \cos\vartheta_0 - \sin\varrho \sin\vartheta_0 \cos\varphi \\
\sin\vartheta &= \cos\varrho \sin\vartheta_0 + \sin\varrho \cos\vartheta_0 \cos\varphi\,.
\end{aligned}$$

Hieraus gewinnt man für die in der Formel für den Gangunterschied auftretenden Werte $\cos\vartheta \sin i$ und $\cos\vartheta \cos i$ die Ausdrücke:

$$\begin{aligned}
\cos\vartheta \sin i &= \sin\varrho\,(\cos i_0 \sin\varphi - \sin i_0 \cos\varphi \sin\vartheta_0) + \cos\varrho \sin i_0 \cos\vartheta_0 \\
\cos\vartheta \cos i &= -\sin\varrho\,(\sin i_0 \sin\varphi + \cos i_0 \cos\varphi \sin\vartheta_0) + \cos\varrho \cos i_0 \cos\vartheta_0\,.
\end{aligned}$$

Damit schreibt sich der Ausdruck für den Gangunterschied G:

$$G = 2\cos\varrho \cdot A + 2\sin\varrho\,(B\cos\varphi + C\sin\varphi) = 2\cos\varrho\,A + 2\sin\varrho \cdot p \sin(\varphi_0 - \varphi)\,,$$

worin, für den Spezialfall $\beta = 0$, gesetzt ist:

$$\begin{aligned}
A &= (e_2 - 2\,e_1 \cos a) \cos i_0 \cos\vartheta_0 \\
B &= -\,e_2 \cos i_0 \sin\vartheta_0 + 2\,e_1 (\cos a \cos i_0 \sin\vartheta_0 + \sin a \cos\mu \sin i_0 \sin\vartheta_0 - \sin a \sin\mu \cos\vartheta_0) \\
C &= -\,e_2 \sin i_0 - 2\,e_1 (\sin a \cos\mu \cos i_0 - \cos a \sin i_0) \\
B &= p \sin\varphi_0\,, \qquad C = -\,p \cos\varphi_0\,.
\end{aligned}$$

Statt durch ϱ und φ werde nun S festgelegt durch die Koordinaten ϱ und x, wo x der Abstand von S vom größten Kreis durch S_0 mit φ_0 ist (Abb. 28). Dann ist wegen $\sin x = \sin\varrho \sin(\varphi_0 - \varphi)$ schließlich:

$$G = 2\cos\varrho \cdot A + 2p \sin x\,.$$

Ist nun in S_0 $G = 0$, so folgt $A = 0$ und damit:

$$G = 2p \sin x.$$

Für konstantes x, d. h. auf dem Parallelkreis zum Kreis unter φ_0 herrscht also konstanter Gangunterschied, auf dem Kreis unter φ_0 selbst ist $G = 0$. Man erhält so dieselben Ergebnisse, die im Anfang durch einfachere geometrische Überlegungen gefunden wurden. Die Streifenbreite findet sich aus $\lambda = 2p \sin x$ zu

$$\sin x = \lambda : 2p.$$

Für den speziellen Fall $i_0 = 0$, $\tau_1 = \tau_2 = 0$, $\vartheta_0 \neq 0$ soll die Streifenbreite berechnet werden. Es ist dann

$$\cos \alpha = \sin \delta, \quad \sin \alpha \sin \mu = - \cos \delta, \quad \sin \alpha \cos \mu = 0$$

damit $C = 0$, also $p = B = - e_2 \sin \vartheta_0 + 2 e_1 \cos (\delta - \vartheta_0)$.
Ferner ist $tg\, M = ctg\, \vartheta_0$, also $M = 90 - \vartheta_0$, und damit

$$\delta_1 - \vartheta_0 = 90 + \Delta, \quad \delta_2 - \vartheta_0 = 90 - \Delta.$$

Somit ergibt sich:

$$\sin x_1 = \frac{\lambda}{2 (e_2 \sin \vartheta_0 + 2 e_1 \sin \Delta)}, \quad \sin x_2 = \frac{\lambda}{2 (e_2 \sin \vartheta_0 - 2 e_1 \sin \Delta)}.$$

Für $\vartheta_0 \neq 0$ ist also der Streifenabstand in den beiden Beobachtungslagen verschieden. Setzt man noch $e_2 = 2 e_1 - \varepsilon$, so kann man, da $\varepsilon / 2 e_1$ sehr klein ist, (ε ist maximal $0.2\,\lambda$), einfach schreiben:

$$x_1 = \frac{\lambda}{4 e_1 (\vartheta_0 + \Delta)}, \quad x_2 = \frac{\lambda}{4 e_1 (\vartheta_0 - \Delta)}.$$

Damit berechnet man für $e_1 = 125 \cdot 10^3 \lambda$ ($\lambda = 500\, m\mu$), $\Delta = \frac{1}{2} (\delta_1 - \delta_2) = 4'$ folgende Werte für den Streifenabstand:

für $\vartheta_0 =$	10″	20″	30″
$x_1 =$	320″	308″	296″
$x_2 =$	348	364	381

Diese Unterschiede im Streifenabstand sind natürlich (wenigstens ab $\vartheta_0 = 20''$) auf den ersten Blick wahrzunehmen; außerhalb dieser Grenzen verrät sich also eine Abweichung der Visierlinie von der Soll-Lage $\vartheta_0 = 0$ beim Vergleich des Streifensystems in beiden Lagen. Für e_2 fand sich der Wert:

$$e_2 = 2 e_1 \cos \frac{\delta_1 - \delta_2}{2} \sec \vartheta_0.$$

Der durch Vernachlässigung von ϑ_0 entstehende relative Fehler ist also

$$\frac{d e_2}{e_2} = \frac{\vartheta_0^2}{2}$$

oder in Zahlen:

für	$\vartheta_0 = 10''$	20″	30″
$\frac{d e_2}{e_2}$	$\frac{1}{8} \cdot 10^{-8}$	$\frac{1}{2} \cdot 10^{-8}$	$\frac{10}{9} \cdot 10^{-8}$.

Hinsichtlich der Kontrolle von ϑ_0 genügt es also vollständig, wenn in beiden Lagen keine erheblichen Unterschiede der Streifenbreite zu bemerken sind. Ein fehlerhaftes i_0 ist, wie aus der Formel hervorgeht, in weiten Grenzen ohne Einfluß. Übertriebene Sorgfalt beim Einstellen der Beobachtungsrichtung erübrigt sich also.

§ 5. Einfluß der Abblendung eines Teilbündels

Bei ungünstig gewählter Stärke der Halbverspiegelung der entsprechenden Etalonplatten-Zonen ist es bei den hohen Vervielfachungen unter Umständen notwendig, das nur zweimal reflektierte Bündel in geeigneter Weise abzuschwächen, da sonst die eindeutige Identifizierung des achromatischen Streifens unsicher wird. Beim Komparator des Geodätischen Instituts ist hierzu eine Gaze-Gitterblende verwendet worden. Da bei den durch das Gitter hervorgerufenen Beugungserscheinungen, wie ganz allgemein bei Beugungserscheinungen, Phasenänderungen eintreten können, ist zu untersuchen, in welchem Umfange hier solche Änderungen eintreten bzw. auf die Meßergebnisse einwirken.

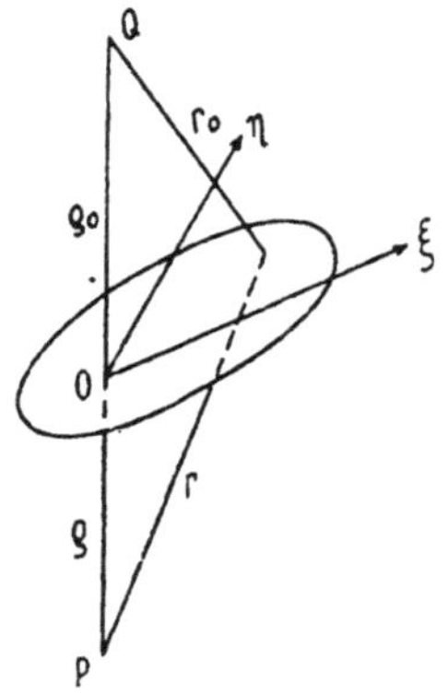

Abb. 20

Ist Q die zunächst im endlichen angenommene Lichtquelle (Abb. 20), P der Beobachtungspunkt und legt man ein Koordinatensystem ξ, η in die Blendenebene mit dem Ursprung im Schnittpunkt der Ebene mit der Verbindungslinie QP, so gilt für die Lichterregung ψ in P der Ausdruck

$$\psi = \frac{i}{2\lambda} \frac{\cos n\varrho_0 - \cos n\varrho}{\varrho\varrho_0} e^{i\,2\pi\nu\left(t - \frac{\varrho+\varrho_0}{c}\right)} \int e^{-i\mathfrak{f}(\xi,\eta)}\,dF$$

mit

$$\mathfrak{f}(\xi,\eta) = \frac{\pi}{\lambda}\frac{\varrho+\varrho_0}{\varrho\varrho_0}(\xi^2\cos^2\varphi + \eta^2)^{1)}.$$

ξ, η sind die Koordinaten der einzelnen Punkte der Blendenebene, φ der Winkel zwischen QP und der Blendennormalen n. Die Integration ist über die freien Öffnungen der Blende zu erstrecken.

Wegen der geringen Einfallswinkel der Strahlen kann man $\varphi = 0$ setzen. Da mit ebenen Wellen gearbeitet wird, die Lichtquelle Q also praktisch im Unendlichen liegt, ergibt sich mit $\varrho_0 \to \infty$ für $\mathfrak{f}(\xi,\eta)$ der Ausdruck

$$\mathfrak{f}(\xi,\eta) = \frac{\pi}{\lambda}\frac{1}{\varrho}(\xi^2+\eta^2) = \frac{\pi}{2}u^2 + \frac{\pi}{2}v^2$$

mit

$$\frac{\pi}{\lambda}\cdot\frac{1}{\varrho}\xi^2 = \frac{\pi}{2}u^2, \quad \frac{\pi}{\lambda}\frac{1}{\varrho}\eta^2 = \frac{\pi}{2}v^2.$$

Bei dem Faktor $\frac{\cos n\varrho_0 - \cos n\varrho}{\varrho_0}$ braucht man sich um den Grenzübergang nicht weiter zu kümmern. Dieser Faktor, multipliziert mit einem in der obigen Formel unterdrückten Faktor der Intensität, muß beim Grenzübergang auf jeden Fall einen endlichen Wert behalten entsprechend der auf die Blende tatsächlich fallenden Lichtmenge; man erreicht dies eben durch Anwendung des Kollimators, anstatt die Lichtquelle unendlich weit hinauszurücken, in welchem Falle man ihr dann unendlich große Intensität geben müßte[2]). Dieser Faktor, der für die Phasenuntersuchung ohne Bedeutung ist, soll weiterhin durch die Konstante A ersetzt werden. Aus gleichem Grunde soll auch im Schwingungsglied der Grenzübergang für den Phasenfaktor durch Annahme einer Konstante a/c ersetzt werden, die der mit Hilfe des Kollimators erzeugten Phase entspricht. Für den Schwingungszustand erhält man somit:

$$\psi = \frac{i}{4} A e^{i\,2\pi\nu\left(t-\frac{a}{c}\right)} \left\{ \int\!\!\int \cos\frac{\pi}{2}(u^2+v^2)\,du\,dv - i \int\!\!\int \sin\frac{\pi}{2}(u^2+v^2)\,du\,dv \right\}.$$

Setzt man allgemein für die hier auftretenden Fresnelschen Integrale

$$\int \cos\frac{\pi}{2}\sigma^2\,d\sigma = C(\sigma) \quad \text{und} \quad \int \sin\frac{\pi}{2}\sigma^2\,d\sigma = S(\sigma)$$

---

[1]) Siehe z. B. C. Schäfer, Theoret. Physik, III, S. 627 (113).

[2]) M. Born, Optik, § 48, S. 155.

sowie

$$C(u) \cdot C(v) - S(u) \cdot S(v) = m \cos M$$
$$S(u) \cdot C(v) + C(u) \cdot S(v) = m \sin M,$$

so lautet endgültig der Ausdruck für den Schwingungszustand im Beobachtungspunkt:

$$\psi = \frac{i}{4} m A e^{i\left\{2\pi\nu\left(t-\frac{a}{c}\right)-M\right\}}.$$

Hierbei ist eine regelmäßige Gitterblende vorausgesetzt, so daß die jeweiligen Integrationsgrenzen der Variabeln u und v voneinander unabhängig sind.

M ist die durch die Beugung verursachte Phasenänderung. Dabei ist für den das Blendengitter durchlaufenden Strahl die Integration für die FRESNELschen Integrale über die freien Öffnungen zu erstrecken, für den unabgeblendeten Strahl über die gesamte Blendenöffnung, wie sie der halbverspiegelten Zone entspricht.

Für eine numerische Überschlagsrechnung sei die freie Blendenöffnung als Quadrat von 6 mm Seitenlänge angenommen. Die Grenzen von ξ und η sind dann 3 mm, für $\lambda = 500$ mμ und $\varrho = 10$ m die entsprechenden Grenzwerte von u und v rund gleich 2. Die Löcher der Gitterblende, die Integrationsgebiete, mögen sich über folgende Intervalle des u bzw. v erstrecken:

$$+1.7 \geq u, v \geq +1.5$$
$$+1.3 \;\;,, \qquad ,, \;\; +1.1$$
$$+0.9 \;\;,, \qquad ,, \;\; +0.7$$
$$+0.5 \;\;,, \qquad ,, \;\; +0.3$$
$$+0.1 \;\;,, \qquad ,, \;\; -0.1.$$

Die Grenzen der freien Blende seien entsprechend bei $u, v = \pm 1.7$. Für die quadratische Blende vereinfacht sich der Ausdruck für $tg\, M$ zu

$$tg\, M = \frac{2\, S(u) \cdot C(u)}{C^2(u) - S^2(u)}.$$

Mittels einer Tabelle der FRESNELschen Integrale berechnet man

	für die freie Blende	für die Gitterblende
$C(u)$	$+0.3238$	$+0.1499$
$S(u)$	$+0.5492$	$+0.2203$
$2\, S(u) \cdot C(u)$	$+0.3557$	$+0.0660$
$C^2(u) - S^2(u)$	$+0.1968$	-0.0261
$tg\, M$	1.8072	2.5342
M	$61^0.0$	$68^0.5$.

Durch die Gitterblende wird also ein zusätzlicher Phasenunterschied von $7.^0 5$, entsprechend einem Wegunterschied von rund $0.02\,\lambda$ der interferierenden Bündel hereingetragen. Der Wegunterschied ist das Doppelte der gesuchten Längendifferenz, also entsteht in dieser ein Fehler von $0.01\,\lambda$; bei der Strecke von $1 \text{ m} = 2 \times 10^6\,\lambda$ beträgt der relative Fehler somit $1/2 \times 10^{-8}$, ist also ohne Bedeutung.

Neben dieser theoretischen Näherungsbetrachtung wurde der Einfluß der Gitterblende noch praktisch untersucht, indem bei der Verachtfachung die Stärke der Halbverspiegelung so gewählt wurde, daß auch ohne Gitterblende das Streifensystem hinreichend sicher identifizierbar war und nur ein Teil des Lichtbündels durch ein Gitter abgeblendet. Entsprechend dem von der Theorie gelieferten geringfügigen Einfluß ließ sich keine Verschiebung des Streifensystems des abgeblendeten Teilbündels gegen dasjenige des nicht abgeblendeten feststellen. Man darf daher wohl mit Recht die Anwendung der Gitterblenden als unbedenklich ansehen.

§ 6. Der Einfluß der Dispersion des Phasensprunges auf die Messungen

Bei der Reflexion an Metalloberflächen erleidet das Licht bekanntlich einen Phasensprung, der von dem bei Glasoberflächen auftretenden Wert π etwas verschieden und darüber hinaus erfahrungsgemäß noch von der Wellenlänge abhängig ist; die Abhängigkeit von der Wellenlänge bezeichnet man als Dispersion des Phasensprunges. Man trägt diesem Phasensprung praktisch am einfachsten dadurch Rechnung, daß man als Reflexionsfläche nicht die geometrische Oberfläche, sondern eine um einen geringen Betrag im Innern liegende „fiktive" oder „optische" Reflexionsfläche annimmt, deren Tiefe noch von der Wellenlänge abhängt. Sieht man vorläufig von der Wellenlängenabhängigkeit ab, so bedeutet das Auftreten des achromatischen Streifens zunächst nur Gleichheit der auf die optische Reflexionsfläche bezüglichen Entfernungen. Eine Fehlerquelle würde dies indessen nicht bedeuten, da sich die sämtlichen aufeinanderfolgenden Interferenzmessungen, ausgehend von der Etalon-Eichung, auf diese optische Reflexionsfläche beziehen.

Eine erhebliche Komplikation bedingt jedoch die Dispersion des Phasensprunges, d. h. die für die verschiedenen Wellenlängen verschiedene Tiefe der optischen Reflexionsfläche, denn es ist klar, daß es dann für Vervielfachungen $n \geqq 2$ gar nicht möglich ist, den Gangunterschied für alle Wellenlängen zu Null zu machen. Es müssen dadurch Veränderungen am Streifensystem eintreten, die dazu führen, daß streng genommen von einem achromatischen Streifen nicht mehr die Rede sein kann.

Als maßgebend für das Zustandekommen des achromatischen Streifens war der Ausdruck

$$\text{Konst. } \cos^2 \pi \frac{2d}{\lambda} \frac{1}{(1+\varrho^2)^2 - 4\varrho^2 \cos^2 \pi \frac{2k}{\lambda}}$$

gefunden und auf Grund dieses Ausdrucks die Entstehung des achromatischen Streifens klar gemacht worden. Zur Berücksichtigung des Phasensprunges denke man sich nun die physische Oberfläche der Spiegel durch die optische, ein wenig im Innern gelegene Reflexionsfläche ersetzt, die im allgemeinen für verschiedene Wellenlängen verschieden tief liegt. Statt der wirklichen Distanz e der Platten ist dann die „optische" Distanz $E = e + \tau(\lambda)$ zu setzen, wo $\tau/2$ die Verlagerung der Reflexionsfläche bedeutet und mit der Abweichung ε des Phasensprungs von π zusammenhängt durch $\tau = \varepsilon\,\lambda/2\,\pi$. Im oben stehenden Ausdruck sind also d und k zu ersetzen durch:

$$\pm D = n E_1 - E_2 \quad \text{und} \quad K = k + \tau(\lambda) \quad (D \text{ positiv angenommen}).$$

Weiter ist zu beachten, daß die Etalon-Eichung mit einer Standartwellenlänge λ_0 durchgeführt, für die Ausgangsentfernung also auch nur die dieser Wellenlänge λ_0 entsprechende optische Distanz E^0 und nicht die wahre Distanz e gefunden wird; erst nach Kenntnis des $\tau(\lambda_0)$ könnte die letztere aus E^0 berechnet werden, jedoch hat e selbst kein Interesse. Man hat daher noch allgemein zu setzen

$$E_i = E_i^0 + (\tau - \tau_0) \quad \text{und} \quad K = K_0 + (\tau - \tau_0),$$

da auch der Keil mit der Wellenlänge λ_0 geeicht wird. Damit wird der für die Interferenzerscheinung im weißen Licht maßgebende Ausdruck:

$$\text{Konst. } \cos^2 \pi \frac{2\,[D_0 \mp (n-1)(\tau - \tau_0)]}{\lambda} \cdot \frac{1}{(1+\varrho^2)^2 - 4\varrho^2 \cos^2 \pi \frac{2\,(K_0 + \tau - \tau_0)}{\lambda}} \quad \mp \text{ für } E_2^0 \gtrless n E_1^0.$$

Von der Strahlenneigung wurde hierbei abgesehen. Der Einfallswinkel beträgt maximal 2^0, der Unterschied im Phasensprung für die beiden Komponenten des nichtpolarisierten Lichtes ist daher ohne Bedeutung.

An Hand des angegebenen Ausdrucks übersieht man sofort die Änderungen, die die Berücksichtigung des Phasensprunges mit sich bringt. Ist $\tau - \tau_0 \neq 0$, so wird die Gesamtheit der Wellenlängen, deren Licht dem ersten Faktor zufolge mit maximaler Helligkeit in den Keil eintritt, im allgemeinen an keiner Keilstelle mit der Gesamtheit der daselbst mit maximaler Helligkeit auftretenden Wellenlängen übereinstimmen, oder kürzer und anschaulicher im Sinne der in Abb. 8 angewandten Darstellung: An keiner Keilstelle werden die die Maxima bezeichnenden hellen Kreise genau übereinanderliegen. Das Streifensystem wird dadurch je nach der Abhängigkeit des τ von λ mehr oder weniger gegen das normale Aussehen verändert, von einem weißen Mittelstreifen kann unter Umständen gar nicht die Rede sein.

In einzelnen konkreten Fällen ließe sich nun etwa durch das in Abb. 8 angewandte zeichnerische Verfahren ein Bild von dem zu erwartenden Streifensystem angeben. Praktisch hat dies wenig Wert, wenn man etwa versuchen wollte, an Hand dieser Darstellung Korrektionen zu bestimmen; einmal wird man kaum über eine so genaue Kenntnis des $\tau(\lambda)$ verfügen und sodann ist das Problem zu einem wesentlichen Teil ja auch physiologischer Natur. Man wird sich mit einer überschlägigen Betrachtung zufrieden geben müssen und sich mehr qualitativ ein Bild von den zu erwartenden Erscheinungen zu machen versuchen. Man kann sich unter diesen Umständen fragen, unter welchen Bedingungen es zur Ausbildung eines achromatischen Streifens kommt. In einem solchen müssen alle Farben mit einer der Intensitätsverteilung des ausgesandten Lichts proportionalen Intensität (die natürlich auch Null sein kann) auftreten. Das ist offenbar der Fall, wenn zwischen den Argumenten der beiden cos ein von der Wellenlänge unabhängiger Phasenunterschied besteht, indem dann alle an einer gewissen Keilstelle auftretenden hellen Linien mit dem gleichen Intensitätsfaktor multipliziert werden. Die Bedingung lautet so:

$$\frac{2\pi}{\lambda}\left[D_0 \mp (n-1)(\tau-\tau_0) - K_0 - (\tau-\tau_0)\right] = \text{const}.$$

Durch Differentiation nach λ findet man, daß τ die Form

$$\tau = \tau_0 + b(\lambda - \lambda_0)$$

und K_0 den Wert

$$K_0 = D_0 + nb\,\lambda_0 \qquad \text{für } E_2{}^0 > n E_1{}^0$$
$$\text{bzw. } K_0 = D_0 - (n-2)\,b\,\lambda_0 \quad \text{für } E_2{}^0 < n E_1{}^0$$

haben muß. Für die Konstante, d. h. für die die Helligkeit dieses achromatischen Streifens bestimmende Phase des Kosinusfaktors ergibt sich $2nb\pi$ bzw. $-2(n-2)b\pi$.

Hängt also τ linear von λ ab, so tritt ein achromatischer Streifen mit der Helligkeitsphase $+2nb\pi$ bzw. $-2(n-2)b\pi$ an der Keilstelle auf, die um $nb\,\lambda_0$ größer bzw. um $(n-2)b\,\lambda_0$ kleiner ist als das gesuchte D_0. Ist $2nb = \frac{1}{2}$, so ist der achromatische Streifen schwarz und liegt an der Stelle $D_0 + \frac{1}{4}\lambda_0$, das Streifensystem ist symmetrisch zum schwarzen Streifen. Ist $2nb = 1$, so tritt das normale Streifensystem des weißen Lichtes auf, aber der weiße Streifen liegt an der Stelle $D_0 + \frac{1}{2}\lambda_0$, also um eine Streifenbreite falsch! Bemerkenswert ist die Verschiedenheit der beiden Fälle $E_2{}^0 \gtrless n E_1{}^0$; im Falle $E_2{}^0 < n E_1{}^0$ ist das Streifensystem weniger „gestört“, das Bündel 2 kompensiert hier gewissermaßen, indem es zum Ausgleich des Gangunterschiedes im Keil reflektiert wird, zwei Phasensprünge des Bündels 1. In diesem Falle verschwindet für $n = 2$ (natürlich nur bei Verwendung eines Meßkeils, nicht z. B. beim Väisäläschen Apparat) der Einfluß des Phasensprunges.

Diese Ergebnisse sollen jetzt unter Zugrundelegung einiger in der Literatur veröffentlichten Werte der optischen Konstanten (s. nachfolgende Tabelle) auf spezielle Fälle angewandt werden. Die nach den Formeln

$$\tau = \frac{\varepsilon}{\pi}\cdot\frac{\lambda}{2}, \qquad tg\,\varepsilon = \frac{2k}{k^2 + N^2 - 1}$$

berechneten Werte τ sind in der letzten Spalte der Tabelle angeführt.

Silber

λ	k	N	Autor	in ÅE
3460	1.10	0.22	MINOR[1])	801
3610	1.45	0.20	,,	687
3950	1.91	0.16	,,	604
4500	2.39	0,16	,,	566
5000	2.94	0.17	,,	521
5500	3.31	0.18	,,	512
5893	3.64	0.18	,,	501
6300	3.96	0.20	DRUDE[2])	495
4350	1.94	0.163	HASS[3])	656
4910	2.50	0.145	,,	593
5460	2.93	0.134	,,	571
5780	3.20	0.136	,,	557
5000	3.14	0.098	KRETZMANN[4])	491
5500	3.43	0.104	,,	496
6000	3.81	0.109	,,	490
6500	4.24	0.130	,,	479
7000	4.62	0.166	,,	475
7500	5.06	0.204	,,	465
		Aluminium		
4350	4.15	0.46	HASS[3])	324
4910	4.85	0.62	,,	313
5460	5.35	0.83	,,	314
5780	5.92	1.01	,,	297
4310	2.85	0.78	QUINKE[5])	435
4860	3.15	0.93	,,	442
5270	3.39	1.10	,,	441
5890	3.66	1.28	,,	451
6560	3.92	1.48	,,	461

Die Ergebnisse weichen, was allgemein bekannt ist, im einzelnen voneinander ab. Als typisch für Silber ist jedoch eine Abnahme des ν mit wachsenden Wellenlängen, die allerdings, wenigstens bei kleinen λ, nicht linear ist. Begrenzt man aber durch ein Filter den Wellenlängenbereich auf etwa 480—640 mμ — entsprechend rund 20% der spektralen Maximalempfindlichkeit des Auges —, so kann jetzt näherungsweise eine lineare Abnahme angenommen werden, für die Werte MINOR-DRUDE etwa mit $b = -0.027$, für die Werte von KRETZMANN etwa $b = -0.012$. Bleibt man bei $b = -0.027$, so finden sich für verschiedene n als Intensitätsphase des achromatischen Streifens und als Fehler seiner Lage, in Streifenbreiten der Eichwellenlänge λ_0, die Werte nachstehender Tabelle:

	$E_2^0 > nE_1^0$		$E_2^0 < nE_1^0$	
n	Phase	Fehler	Phase	Fehler
2	— 0.11 π	— 0.11	+ 0.00 π	0.00
4	— 0.22	— 0.22	+ 0.11	+ 0.11
6	— 0.32	— 0.32	+ 0.22	+ 0.22
8	— 0.43	— 0.43	+ 0.32	+ 0.32
9	— 0.49	— 0.49	+ 0.38	+ 0.38
10	— 0.54	— 0.54	+ 0.43	+ 0.43
18	— 0.97	— 0.97	+ 0.86	+ 0.86
19	— 1.03	— 1,03	+ 0.92	+ 0.92

[1]) R. S. MINOR, Ann. d. Phys. **10**, 581 (1903). — [2]) P. DRUDE, Wied. Ann. **39**, 481 (1890). — [3]) G. HASS, Ann. d. Phys. **31**, 260 (1938). — [4]) R. KRETZMANN, Ann. d. Phys. **37**, 317 (1940). — [5]) G. QUINKE, Pogg. Anm. Jblbd. **336** (1874).

Im Falle $E_2{}^0 > n E_1{}^0$ würde also bei $n = 9$ praktisch ein dunkler Mittelstreifen auftreten, der rund eine halbe Streifenbreite im Sinne abnehmender Ordnungszahlen neben der gesuchten Stelle, an der $K_0 = E_2{}^0 - n E_1{}^0$, liegt. Für $n = 18$ oder 19 ergibt sich praktisch ein normales Streifensystem, der weiße Mittelstreifen liegt jedoch um rund eine Streifenbreite falsch. Bei den von KRETZMANN untersuchten Schichten liegen die Verhältnisse natürlich günstiger. Auch die Aluminiumschichten (für HASS $b = -0.016$, für QUINKE $b = +0.011$) zeigen sich als günstiger.

Diese Ergebnisse sind bei der Anwendung von Silberplatten am Interferenzkomparator des Instituts praktisch bestätigt worden. Bei der Verachtfachung ergaben sich Streifensysteme, die vollständig den in obiger Tabelle für $n = 8$ errechneten Werten entsprachen und in der Tafel dargestellt sind. Der nach der Theorie zu erwartende, in der Tafel sichtbare Unterschied im Aussehen des Streifensystems zwischen den beiden Fällen $E_2{}^0 \gtrless n E_1{}^0$ war so unverkennbar zu bemerken, daß das Vorzeichen von $E_2{}^0 - n E_1{}^0$ in jedem Falle ohne Mühe allein aus dem Aussehen des Streifensystems mit 100% Sicherheit angegeben werden konnte.

Im Falle $E_2{}^0 > n E_1{}^0$ ist die Stelle der Achromasie (Phasenfaktor $- 0.43\,\pi$) nahezu der dunkle Streifen. Wenn man in Unkenntnis dieses Fehlereinflusses nach einem hellen achromatischen Streifen suchen wollte, so ist hier die Unsicherheit besonders deutlich, welchen von den beiden zum schwarzen Streifen benachbarten nahe gleich-aussehenden hellen Streifen man dafür anzusehen hat. Das Vorschalten des Rotfilters legt unter Beachtung des Vorzeichens von b den gesuchten Wert von d (im Bild mit einem Strich markiert) mit hinreichender Genauigkeit fest.

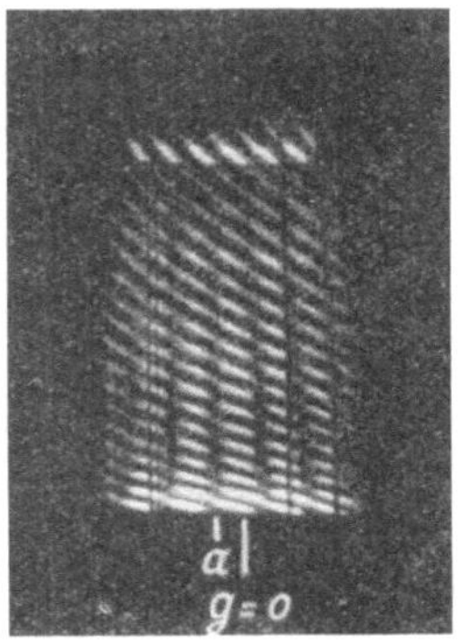

Abb. 21

Mit derselben Apparatur, mit der die in Abb. 9 wiedergegebenen Aufnahmen erhalten wurden, läßt sich auch die Veränderung des Streifensystems photographisch festhalten. Abb. 21 gibt eine der beim Arbeiten mit Silberplatten gemachten Aufnahmen wieder, die sich auf den Fall $E_2{}^0 > n E_1{}^0$ und $n = 8$ bezieht. Man erkennt auf dieser Aufnahme, daß an der mit a bezeichneten Stelle die Minima praktisch zusammenfallen. Die gesuchte Stelle des Gangunterschiedes Null für die Eichwellenlänge liegt etwa an der mit $g = 0$ bezeichneten Stelle, an der das Streifensystem bereits ein deutliches Spektrum zeigt[1]).

Als Ergebnis dieser Untersuchung ergibt sich also folgendes: Beim Arbeiten mit Interferenzkomparatoren nach dem multiplikativen Verfahren unter Verwendung weißen Lichtes ist zur genauen Festlegung der Stelle des Gangunterschiedes Null die Kenntnis der Dispersion des Phasensprunges erforderlich. Da aber die Beurteilung der Streifenerscheinung in hohem Maße auch von physiologischen Umständen abhängt und je nach der Farbenempfindung individuell verschieden sein kann, wird diese Festlegung — wenigstens bei stärkerer Dispersion des Phasensprunges — immer mehr oder weniger unsicher sein. Auch die durch störende Übergangsschichten verursachte bekannte starke Verfälschung der optischen Konstanten wirkt als Unsicherheitsfaktor. Man wird jedoch, nötigenfalls durch Einengung des Spektralgebietes mittels Filter, immer mit dem Auftreten eines achromatischen Streifens rechnen können und sich damit begnügen müssen, die Stelle der Achromasie nach Möglichkeit festzustellen und danach unter Vorschaltung eines die Eichwellenlänge möglichst selektiv ausblendenden Filters den der achromatischen Stelle entsprechend dem Vorzeichen von $E_2{}^0 - n E_1{}^0$ benachbarten hellen Streifen festzulegen; man benutzt also das Streifensystem im weißen Licht nur als Anhalt für den in dem ausgefilterten Wellenlängenbereich sich kaum besonders heraushebenden Streifen des Gangunterschiedes Null[2]). Die Ergebnisse werden um so sicherer, je kleiner das b und damit die Veränderung des Streifensystems für das benutzte Verspiegelungsmaterial ist. In dieser Hinsicht dürfte sich Aluminium günstiger als Silber erweisen, das sich sonst seines hohen Reflexionsvermögens wegen empfiehlt. Noch besseren Erfolg gibt wohl die Verspiegelung mit Rhodium, bei der eine Veränderung des Streifensystems selbst bei $n = 8$ nicht bemerkt werden konnte.

---

[1]) Leider stand zu dieser Aufnahme nicht geeignetes Plattenmaterial zur Verfügung. Es fehlt infolgedessen das Gebiet der Wellenlängen über 600 mμ.

[2]) Das Vorsetzen eines Filters empfehlen auch SEARS u. BARRELL, Phil. Trans of the Royal Soc. of London, **231**, 114 bis 115 (1933), allerdings ohne nähere Begründung als die der größeren Schärfe der Fixierung des Streifensystems.

§ 7. Beschreibung des Apparates

Der Apparat, mit dem die später angegebenen Versuchsmessungen durchgeführt wurden, stellt lediglich ein Versuchsmodell dar, das dazu dienen sollte, die damit gesammelten Erfahrungen bei der endgültigen Konstruktion nutzbringend zu verwenden. Sämtliche mechanischen Teile wurden in der Institutswerkstatt hergestellt, einige Apparateteile — vornehmlich Fernrohre — den Institutsbeständen entnommen. Als Erstlingskonstruktion hafteten dem Apparat noch mancherlei Mängel an, insbesondere führte die erwähnte Entnahme fertiger nicht ad hoc konstruierter Apparate dazu, daß die einzelnen Teile hinsichtlich der Maße nicht in der günstigsten Weise zusammen paßten. Alle diese Mängel haben jedoch die Leistungsfähigkeit des Apparates nicht wesentlich beeinträchtigt; es soll jedoch im folgenden wegen dieses Provisoriums im Aufbau die Beschreibung nur auf die wichtigsten konstruktiven Einrichtungen beschränkt werden, dagegen an Hand der Übersichtsskizze Abb. 22 die Prinzipien angegeben werden, die der Konstruktion zugrunde gelegt wurden und ganz wesentlich das erfolgreiche und zufriedenstellende Arbeiten des Apparates ermöglichten.

Wenn man einen Apparat wie den Interferenzkomparator, bei dem die Beobachtungsresultate durch eine Anzahl voneinander abhängiger Beobachtungsoperationen gewonnen werden, unter feldmäßigen Bedingungen verwenden will, wird man vor allen Dingen dafür sorgen müssen, alle Messungsoperationen möglichst gleichzeitig oder wenigstens rasch aufeinanderfolgend auszuführen. Dies macht die gleichzeitige Herstellung aller erforderlichen Strahlengänge notwendig und wird mit Hilfe der Prismen S_1, S_2, S_3 und S_4 erreicht. Das aus dem Kollimator K kommende parallele weiße Licht wird vermittels der genannten justierbaren Prismen (S_1 bleibe vorläufig außer Betracht) auf die einzelnen in Frage kommenden Spiegelzonen unter den erforderlichen Einfallswinkeln geworfen. Nach dem Durchgang durch die einzelnen Etalons treffen die austretenden Strahlen auf die justierbaren Prismen P_2, P_3, P_4, mit deren Hilfe sie nahezu rechtwinklig abgelenkt und durch den Meßkeil M gesandt werden. Im Meßkeil liegen die drei Strahlenbündel dicht nebeneinander, die einzelnen Interferenzerscheinungen werden mittels der drei Lupen L_2, L_3, L_4 beobachtet.

Auch bezüglich des Plattenabstandes des Meßkeils muß man mit Veränderungen rechnen; es ist daher nicht angängig, sich auf einzelne auseinanderliegende Eichungen zu beschränken und diese als gültig bei der Messung anzusehen. Es mußte daher angestrebt werden, möglichst die bei jeder Messung gültigen Werte der Keildicke zu ermitteln; dies erreicht man am einfachsten und sichersten dadurch, daß man gleichzeitig mit der Interferenzerscheinung im weißen Licht das Streifensystem der Eichwellenlänge, der roten Cadmiumlinie, sichtbar macht und die Lage des weißen Streifens gegen dieses Streifensystem fixiert. Die Herstellung des hierzu erforderlichen Strahlenganges des Cd-Lichtes geschieht mittels des Spiegels R_5, der Linse L_5 und des Prismas P_5. Das unmittelbar vor dem Meßkeil stehende Prisma P_5 ist nur 5 mm hoch und steht in der Mitte der rund 30 mm hohen weißen Strahlenbündel, so daß das weiße Streifensystem in der Mitte durch das rote Streifensystem unterbrochen ist (Abb. 23, S. 37). Das Prisma P_5 wird auf einer einfachen Parallelführung leicht und rasch jeweils in den betreffenden weißen Strahlengang mit der Hand geschoben. Dieses Prinzip, die Lage des weißen Streifens unmittelbar in Streifenbreiten der roten Cd-Linie abzulesen, hat sich außerordentlich bewährt und wesentlich zum erfolgreichen Arbeiten des Komparators beigetragen. Wie beim Fabry-Perot-Apparat trägt der Meßkeil eine Millimeterskala, die hier jedoch nur zur Unterscheidung bzw. Numerierung der einzelnen Cd-Linien dient; zur Messung wird ausschließlich die Skala der Cd-Linien selbst benutzt.

Zur Bestimmung der Ordnungszahl der Cd-Linien wurde ein einfaches Verfahren angewandt. In der Theorie des Meßkeils ist nachgewiesen worden, daß ein Streifensystem im weißen Licht außer bei der Keildicke $k = d$ noch bei $k' = d/2$ auftritt. Beobachtet man also diese beiden Streifensysteme, so weiß man, daß die Ablesung in Streifenbreiten + Bruchteilen für die Lage des einen Streifensystems das Doppelte der entsprechenden Ablesung für das andere Streifensystem sein muß. Stellt man also die Anzahl der Cd-Linien zwischen beiden Streifensystemen fest — was nötigenfalls mittels der Millimeterskala in Verbindung mit den Streifenbreiten sehr rasch gemacht ist —, so gibt diese Anzahl mit großer Näherung die Ordnungszahl der Cd-Linie beim Streifensystem an der Stelle k'. Zusätzliche Feststellung einer Koinzidenz *Cd* rot/*Cd* grün beseitigt etwaige Unsicherheiten von 1 oder auch 2 Einheiten. Von der so gefundenen Ordnungszahl einer Linie ausgehend ist rasch der ganze Keil geeicht, gelegentlich verifiziert man die Ordnungszahlen durch eine Koinzidenz rot-grün. Im allgemeinen hält sich der Meßkeil insoweit konstant, daß eine einmal vorgenommene Bestimmung der Ordnungszahl auf dem oben angedeuteten Wege für längere Zeit genügt. Die vorkommenden kleinen Verlagerungen des Streifensystems werden im Einzelfall durch gelegentliche Kontrollbeobachtungen der Koinzidenzen rot-grün völlig sicher erfaßt.

Es war beabsichtigt, den Vergleich des Ausgangs-Etalons mit der 12.5-cm-Strecke in derselben Weise vorzunehmen, wie dies Fabry und Perot bei ihrer fundamentalen Metereichung getan haben. Leider erwies sich die auftretende Interferenzerscheinung vermutlich infolge ungünstig gewählten Reflexionsvermögens der Etalonverspiegelung für die Messung als zu schwach. Da am Etalon selbst nichts mehr geändert werden sollte, wurde der Vergleich mittels der in der Einleitung S. 3 angegebenen Methode durch Kippung des Etalons und Beobachtung der entsprechenden Interferenzstreifen im Fernrohr bei Einstellung auf Unendlich ausgeführt, wie dies auch Sears und Barrell getan haben. Als Lichtquelle dient die gleiche Bogenlampe wie bei den übrigen Vergleichen, der erforderliche Strahlengang wird mittels der Prismen und Linsen P_1, L_1, S_1 und T_1 hergestellt, F_1 ist das Beobachtungsfernrohr. Das Strahlenbündel läuft durch die Plattenmitten des 12.5-cm-Etalons, die zu diesem Zweck in der Mitte eine halbdurchlässige Verspiegelung tragen. Die waagerechten Halbverspiegelungszonen und das nur 5 mm hohe Prisma T_1 liegen dabei in derselben Höhe wie das kleine Prisma P_5 vor dem Meßkeil. Alle Ablesungen beziehen sich somit streng auf die Plattenmitten.

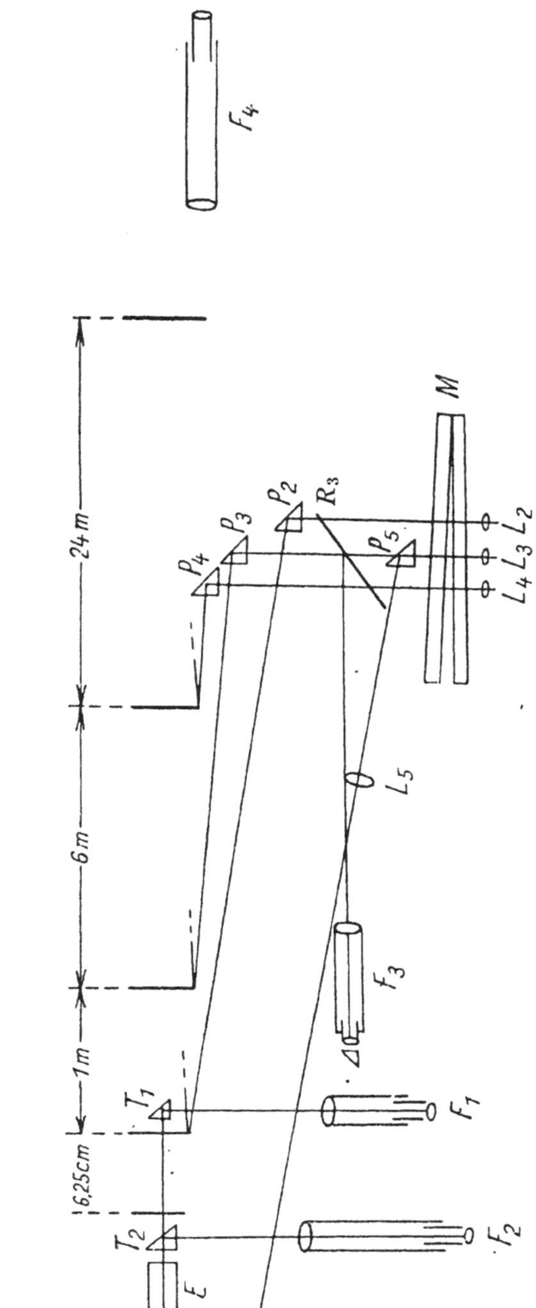

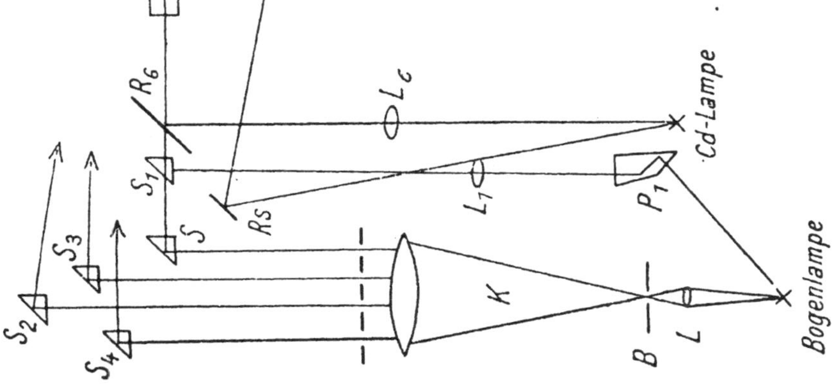

Abb. 22

Der Ausgangs-Etalon *E* von 625 mm Länge ist von der Fa. Bernhard Halle Nachf., Berlin, in mustergültiger Anfertigung aus Quarzglas hergestellt worden. Er besteht aus zwei mit einer

Bohrung von 15 mm ∅ versehenen aneinandergesprengten Quarzglaswürfeln, an die beiderseits die mit der halbdurchlässigen Verspiegelung versehenen runden Deckplatten angesprengt sind. Jede Kittung, die zu Veränderungen Anlaß geben könnte, ist also vermieden; der Etalon ist gewissermaßen ein einheitlicher Quarzglasblock. Der Parallelismus der beiden Deckplatten untereinander ist ganz vorzüglich; die HAIDINGERschen Ringe sind außerordentlich scharf und gut meßbar. Zur Verbindung der von den Lichtstrahlen durchlaufenen Durchbohrung mit der Außenluft sind die beiden Quarzglaswürfel mit je zwei kleinen Durchbohrungen versehen. Der für die Eichung im *Cd*-Licht erforderliche Strahlengang wird durch die Linse L_6, den Spiegel R_6 und das Prisma T_2 vermittelt, F_2 ist das Beobachtungsfernrohr zur Messung der Ringdurchmesser. Spiegel R_6 und Prisma T_2 sind wegklappbar und geben dann den Strahlengang für die Vergleichung des Etalons mit der 12.5-cm-Strecke frei. Der Übergang von der Etaloneichung zum Vergleich mit der 12.5-cm-Strecke ist so in wenigen Augenblicken möglich.

Da die Vergleichung des Etalons mit der 12.5-cm-Strecke ohne Störung des Strahlenganges für die anderen Vergleichungen geschehen kann, können bei Vorhandensein eines zweiten Beobachters (der sich durch Verlegung von F_1 an den Ort von M oder besser umgekehrt auch einsparen ließe), falls durch entsprechende Einstellung der Spiegel alle Interferenzerscheinungen im Fernrohr F_1 und im Meßkeil M sichtbar gemacht sind, alle Vergleiche gleichzeitig durchgeführt werden. Da auch der Übergang zur Etaloneichung in wenigen Augenblicken möglich ist, so ist der eingangs aufgestellten Forderung, alle Messungen praktisch gleichzeitig auszuführen, in vollkommener Weise genügt.

Zur Vermeidung von Änderungen im Einfallswinkel der Strahlenbündel, die durch Wanderungen des Kraters der Bogenlampe verursacht werden, wurde nicht der Krater selbst als Lichtquelle für den Kollimator benutzt, sondern eine Lochblende, auf die der Krater mittels einer in Höhe und Seite verschiebbaren Linse L abgebildet wird.

Das Fernrohr F_3 dient in Verbindung mit dem wegklappbaren Spiegel R_3 zur Parallelstellung der Spiegel; das dabei benutzte Verfahren wird später auseinandergesetzt.

Diese Angaben mögen zur Erläuterung des Aufbaues der Apparatur genügen.

§ 8. Handhabung des Komparators

Nach roher Aufstellung der einzelnen Apparateteile erfolgt am zweckmäßigsten zunächst die genäherte Parallelstellung aller Spiegel mit Hilfe des mit einem GAUSSschen Okular ausgestatteten Fernrohrs F_4, das in einem Abstand von etwa 50 m vom Etalon E aufgestellt war. Auf den ersten Spiegel des 12.5-cm-Etalons wurde eine mit der Mitte der oberen Spiegelkante zusammenfallende Zentrierspitze gesetzt; die auf diese Zentrierspitze eingestellte Visierlinie des Fernrohrs F_4 definiert die Basisrichtung in Seite. Die horizontale Richtung ergab sich durch Aufsetzen einer Nivellierlibelle auf das hierzu mit Ringen versehene Fernrohr. Mittels des GAUSSschen Okulars wurden dann der Reihe nach die einzelnen Spiegel, ausgehend von Spiegel 1 des 12.5-cm-Etalons, senkrecht zur Basisrichtung und damit zugleich parallel zueinander gestellt.

Die Einstellung der Spiegel in die richtige gegenseitige Entfernung erfolgte bis zum Spiegel 2 des 1-m-Etalons einfach mit Hilfe eines darüber gelegten Maßstabes. Bei den weiteren Spiegeln wurde ein anderes Verfahren gewählt. Es wurde ein Hilfsspiegel auf einem Holzstativ mittels übergelegten Maßstabes in die Entfernung von 1 m von Platte 2 des 1-m-Etalons gebracht und so lange verstellt, bis die Interferenzerscheinung sichtbar war. Ausgehend von dieser Stellung des Hilfsspiegels wurde ein zweiter Hilfsspiegel (hierzu diente der Endspiegel des 24-m-Etalons) wieder in 1 m Entfernung vom ersten Hilfsspiegel aufgestellt, der erste Hilfsspiegel herausgenommen und nun durch Aufsuchen der Interferenzerscheinung bei der Vergleichung 1 : 2 eine genaue Verdoppelung des 1-m-Etalons erhalten. Das soeben beschriebene Verfahren wurde nun mit der 2-m-Strecke fortgesetzt und so die 4-m-Strecke und schließlich die genaue Lage des zweiten Spiegels des 6-m-Etalons gefunden. In ähnlicher Weise ergab sich die genaue Lage des zweiten Spiegels des 24-m-Etalons. Die erforderliche Richtung der Strahlenbündel wurde mittels Hilfsprismen gewonnen. Natürlich lassen sich leicht rascher zum Ziele führende direkte Meßverfahren anwenden.

Das beschriebene, wegen des additiven Charakters auch rasch zum Ziele führende Verfahren wurde hier gewählt, um mit dem Aufsuchen der Interferenzerscheinung vertraut zu werden, ihr Aussehen bei den verschiedenen Entfernungen und Vervielfachungen zu studieren und überhaupt die nötige Erfahrung in der Handhabung der Geräte zu gewinnen.

Die Justierung des Etalons parallel zu den übrigen Spiegeln erfolgt über das Prisma S unter Benutzung des direkten Lichtes und der Vielfachreflexion zwischen den Etalonplatten und den Platten der 12.5 cm-Strecke mit Hilfe des Fernrohrs F_1; Prisma S_1 und Spiegel R_6 wurden dabei aus den Strahlengang gedreht. Da der Etalon auf seinem Gestell so justiert war, daß dieAchse, um die die Kippung zum Zwecke der Messung erfolgte, parallel zu den Etalonflächen liegt, wird durch die soeben geschilderte Justierung auch die Kippachse senkrecht zur Basisrichtung orientiert, wie es zur einwandfreien Messung des Kippwinkels erforderlich ist.

Der für die einzelnen Vergleichungen erforderliche Strahlengang wurde durch Justierung der entsprechenden Prismen hergestellt. Da die Lichtbündel sehr hell sind, konnte ihr Verlauf leicht durch Auffangen auf Papier festgestellt und so die günstigste Orientierung erzielt werden.

Ausgehend von der so erfolgten Justierung des Gerätes erfolgt nun die exakte Justierung zum Zwecke der Messung auf dem nachfolgend beschriebenen Wege. In der Theorie des Apparates ist gezeigt worden, daß für die Entstehung einer zur Messung geeigneten Interferenzerscheinung die größte Exaktheit in der Parallelstellung der Spiegel jedes einzelnen Etalons erforderlich ist. Je exakter dieser Parallelismus erreicht wird, um so schärfer ist die Interferenzerscheinung; auch die kleinste Unterlassungssünde in dieser Hinsicht rächt sich dadurch, daß die Interferenzstreifen undeutlich und zur Messung ungeeignet werden, unter Umständen gar nicht erscheinen. Diese scharfe Parallelstellung der Platten erhält man nun am sichersten, wenn man die durch die beiden zum Vergleich zweier Etalons benutzten Lichtbündel im Fernrohr erzeugten Bilder zur Deckung oder noch besser auf das Fadenkreuz bringt. Dabei muß man, wie leicht ersichtlich, in umgekehrter Reihenfolge wie bei der ersten rohen Justierung vorgehen, also mit dem 24 m-Etalon beginnen, denn bei umgekehrter Reihenfolge würde sich ein kleiner Fehler im Parallelismus der beiden Etalonplatten infolge der Vervielfachung auf den nächsten Etalon vergrößert übertragen. Es wurde also folgendes Verfahren angewendet:

Mit Hilfe des Gaussschen Okulars wurden zunächst die beiden Platten des 24 m-Etalons parallel zueinander gestellt. Dann wurde das Fadenkreuz des Fernrohrs F_3 auf das Bild der Lichtquelle, das der zweimaligen Reflexion im 24 m-Etalon entspricht, eingestellt. Nach Abdeckung des entsprechenden Lichtbündels wurde das durch die 12fache Reflexion im 4 m-Etalon erzeugte Bild durch entsprechende J u s t i e r u n g d e s S p i e g e l s auf das Fadenkreuz des unverändert stehengebliebenen Fernrohrs gebracht; diese Einstellung hat mit der größten Sorgfalt zu geschehen. Die Platten des 4 m-Etalons sind jetzt parallel zueinander und zu denen des 24 m-Etalons gestellt. In dieser Weise nun, ausgehend vom 4 m-Etalon, wird das Verfahren rückwärts weiter fortgesetzt bis zum 12.5 cm-Etalon. Da eine Abweichung von der scharfen Einstellung auf das Fadenkreuz von ganz wenigen Bogensekunden schon zu einer erheblichen Verschlechterung der Interferenzstreifen (bei den größeren Entfernungen zur völligen Unsichtbarkeit) führt, ist ersichtlich, welche rigorosen Anforderungen an die Justiermöglichkeit der Spiegel gestellt werden; ergibt doch eine kleine Verschwenkung einer Platte des 12.5 cm-Etalons von 1/2″ infolge der 16 Reflexionen eine Wanderung des Fernrohrbildes um 8″, oder umgekehrt, um eine kleine Abweichung des Bildes von der genauen Einstellung im Betrage von 2″ wegzukorrigieren, ist der Spiegel um 0.″13 zu verdrehen. Die angewendete mechanische Konstruktion der Justiervorrichtung — eine Hebelübertragung mittels Blattfeder, die durch geringe Drehungen einer Justierschraube durchgebogen wird — hat diesen Anforderungen entsprochen und sich gut bewährt; eine ruhige und sichere Hand war natürlich bei diesen Einstellungen nötig.

Die Einstellung der Spiegel in die richtige Entfernung machte nach der rohen ersten Einrichtung keine erheblichen Schwierigkeiten mehr. Die Spiegel wurden nötigenfalls so lange verstellt, bis die Interferenzerscheinung sichtbar war. Es war, was von vornherein sehr ungewiß erschien, sogar ohne erhebliche Mühe möglich, im Meßkeil sämtliche drei Streifensysteme der Vergleiche 12.5 cm : 1 m, 1 m : 6 m, 6 m : 24 m sichtbar zu machen — natürlich bei jeweiliger Verschiebung des Meßkeils — und damit die drei Messungen gleichzeitig auszuführen.

§ 9. Die Versuchsmessungen

Bei der praktischen Erprobung des Komparators durch Versuchsmessungen stellte sich eine unvorhergesehene, ernste Schwierigkeit heraus, die Störung durch die Bodenunruhe. Die Bewegung der die Spiegel tragenden Pfeiler infolge der Bodenunruhe und die dadurch verursachte Unruhe der Interferenzstreifen waren so stark, daß es nur nachts und in den frühen Morgenstunden möglich war, den Vergleich der 6 m-Strecke auszuführen. Beim Vergleich der 24 m-Strecke war die Interferenzerscheinung nur in wenigen günstigen Momenten nach Mitternacht stark springend sichtbar. Alle Versuche, diese Störungsquelle auszuschalten, scheiterten. Nach zahlreichen vergeblichen Versuchen zur Beseitigung dieser Störung wurde als einigermaßen brauchbare Abhilfe die Aufstellung der gesamten Apparatur bis zum 6 m-Vergleich auf einem auf festen Pfeilern gelagerten Eisenträger gefunden, und es zeigte sich zudem noch, daß es günstiger war, den Vergleich der 1 m-Strecke mit einer 4 m-Strecke statt mit 6 m zu bewerkstelligen, weil die dabei auftretenden Interferenzstreifen fast den ganzen Tag sichtbar blieben, während die Interferenzstreifen beim Vergleich der 4 m-Strecke mit der 24 m-Strecke trotz der höheren Multiplikationszahl nicht erheblich schlechter waren als die an sich schon kaum brauchbaren Streifen bei der Vergleichung von 6 m auf 24 m. Diese Störung durch die Bodenunruhe hat an sich mit der Leistungsfähigkeit des Apparates, die aus den später mitgeteilten Ergebnissen der Versuchsmessungen beurteilt werden kann, nichts zu tun. Die Zeitumstände verhinderten leider, den Komparator auf einem bezüglich der Bodenunruhe günstigeren Gelände aufzustellen.

Unter diesen Umständen war an die Ausführung einer Drahteichung nicht zu denken. Um zunächst einmal Übung in der Handhabung des Gerätes zu bekommen und Erfahrungen zu sammeln, wurden mehrfach längerdauernde Beobachtungsreihen zur Messung der 4 m-Strecke angestellt. Später wurde dann auch eine Drahteichung bis 12 m ausgeführt; dabei wurde die Drahtlänge von 12 m definiert durch zwei in 0,2 mm geteilte Glasskalen, die in der passenden Entfernung am Invardraht angeklemmt wurden. Diese Skalen wurden mittels einer auf die Oberkante der betreffenden Etalonplatten gekitteten Linse auf die Unterkante projiziert, die Unterkante trug eine Strichmarke, die mittels eines mit Mikrometer ausgestatteten Mikroskops in die projizierte Skala eingemessen wurde. Sämtliche Messungen fanden in dem für Interferenzuntersuchungen durch Verschalen eines Teiles der alten Meßbahnüberdachung hergestellten Holzhaus statt; weitere Vorkehrungen bezüglich Temperaturschutz und andere atmosphärische Einflüsse waren sonst nicht getroffen, allerdings wurde nur bei bedecktem Himmel und bei der 12 m-Eichung nur nachts gemessen.

Nachdem die Etalonplatten wie früher angegeben, mit aller Sorgfalt justiert waren, fanden die Messungen in der Reihenfolge statt:

1. Eichung des Etalons im roten *Cd*-Licht ($\lambda = 6438$ ÅE);
2. Vergleichung des Etalons mit der 12.5 cm-Strecke;
3. Ablesung der Interferenzstreifen im Meßkeil für die Vergleichungen 12.5 cm mit 1 m, 1 m mit 4 m, 4 m mit 12 m;
4. Ablesung der Interferenzstreifen im Meßkeil für die Vergleichungen 4 m mit 12 m, 1 m mit 4 m, 12.5 m mit 1 m;
5. Vergleichung des Etalons mit der 12.5 cm-Strecke;
6. Eichung des Etalons im roten *Cd*-Licht.

Bei der Eichung des 12 m-Invardrahtes wurde vor Operation 1 und nach Operation 6 noch je ein Vergleich der Drahtskalen mit den Spiegeln vorgenommen.

Die einzelnen Ablesungen bei Operation 3 und 4 wurden folgendermaßen vorgenommen: Da es trotz aller Sorgfalt doch nicht immer gelang, die Spiegel exakt parallel zueinander zu stellen, lagen mitunter die Interferenzstreifen ein wenig schief zu den *Cd*-Linien, s. Abb. 23, in der die den achromatischen Streifen beiderseits begrenzenden dunklen Streifen gezeichnet sind. Um immer die Ablesung für die Plattenmitte zu erhalten, die durch das vor dem Keil stehende kleine Prisma definiert ist, wurden die Ablesungen jedes Streifensystems bei a_1 und a_2 bzw. b_1 und b_2 vorgenommen in der Reihenfolge $a_1 — b_1 — b_2 — a_2$; a und b wurden direkt in Bruchteilen der Streifenbreite angegeben, zur Feststellung der Ordnungszahl wurde die Lage der den vier Ablesestellen unmittelbar vorausgehenden roten *Cd*-Streifen in der Millimeterskala angegeben. Beispielsweise gibt also das in Abb. 23 angegebene Interferenzbild folgende Beobachtungszahlen:

a_1	.4	1002
b_1	.2	1013
b_2	.6	1002
a_2	.1	1013

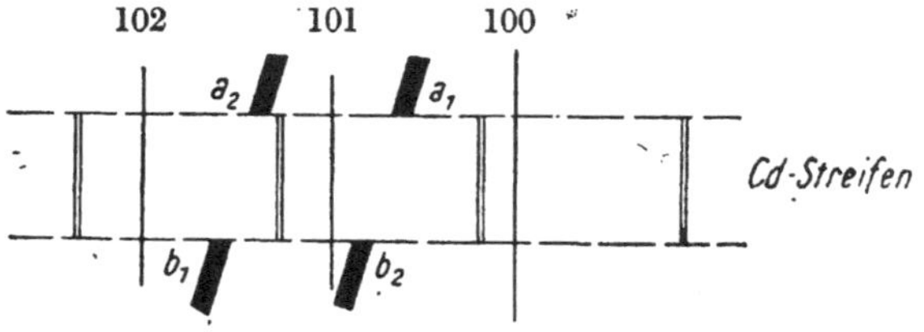

Abb. 23

Hat die Keileichung für die rote *Cd*-Linie bei 1002 die Ordnungszahl 87 gegeben, so lauten die vier Ablesungen in *Cd*-Streifenbreiten:

$$87.4,\quad 88.2,\quad 87.6,\quad 88.1;$$

im Mittel findet sich also endgültig für die Ordnungszahl des achromatischen Streifens in *Cd*-Wellenlängen: 87.8.

Alle Messungen wurden vom Verfasser als einzigem Beobachter rasch hintereinander ausgeführt; die Gesamtdauer aller oben angeführten Operationen betrug 3—4 Minuten. Infolge der symmetrischen Anordnung darf man wohl annehmen, daß die Mittelwerte entsprechender Meßoperationen zeitlich-praktisch zusammenfallen, also sämtliche Messungen gleichzeitig gemacht sind. Nach jeder einzelnen Messung wurden die Spiegel neu justiert[1]), so daß die einzelnen Messungen völlig unabhängig voneinander sind. Während der eigentlichen Interferenzmessungen wurde gelegentlich der Meßkeil durch Ablesung einiger rot/grün-Koinzidenzen auf eingetretene Änderungen kontrolliert. Die Beobachtungszahlen wurden von einer Hilfskraft protokolliert.

Es werde nun eine Messungsreihe der 4 m-Strecke in extenso wiedergegeben. Die Spalten 1—4 enthalten folgende Beobachtungszahlen:

Spalte 1: Mikrometerablesungen für den Durchmesser des kleinsten Haidingerschen Ringes im roten *Cd*-Licht.
,, 2: Ablesungen für die Kippung des Etalons beim Vergleich mit der 12.5 cm-Strecke.
,, 3: Meßkeil-Ablesungen für die 1 m-Strecke, entsprechend dem oben erläuterten Schema.
,, 4: Meßkeil-Ablesungen für die 4 m-Strecke (Tabelle 1).

Die Bearbeitung der Beobachtungen geschieht nach den folgenden Rechenformeln:

Ist e_1 die Länge des Ausgangs-Etalons, P die Ordnungszahl des gemessenen Haidingerschen Ringes, 2α der Durchmesser dieses Ringes, so ist $2e_1 \cos\alpha = P\lambda$, oder wegen der Kleinheit von α

$$2e_1 = P\left(1 + \frac{\alpha^2}{2}\right)\lambda.$$

Bezeichnet weiter e_2 die Länge des 12.5 cm-Etalons, $\frac{1}{2}(\delta_1 - \delta_2)$ den Kippwinkel des Ausgangs-Etalons, so gilt:

$$e_2 = 2e_1\left[1 - \frac{1}{2}\left(\frac{\delta_1 - \delta_2}{2}\right)^2\right] = \frac{P}{2}\left[\alpha^2 - \left(\frac{\delta_1 - \delta_2}{2}\right)^2\right]\lambda.$$

Sind ferner e_3 und e_4 die Längen der 1 m- bzw. 4 m-Strecke, p_3 bzw. p_4 die Ordnungszahlen der Keilstellen, bei denen jeweils der achromatische Streifen liegt, so sind die entsprechenden Keildicken $k_3 = \frac{1}{2}p_3\lambda$ und $k_4 = \frac{1}{2}p_4\lambda$ und damit ist

$$e_3 = 8e_2 \pm \frac{1}{2}p_3\lambda, \quad e_4 = 4e_3 \pm \frac{1}{2}p_4\lambda.$$

Von der Strahlenneigung ist abgesehen, es interessiert ja nicht der absolute Wert der 4 m-Strecke, sondern nur die innere Übereinstimmung.

---

[1]) Das gilt natürlich nicht bei den Messungen nur bis zu 4 m; hier wurden die beiden die 4-m-Strecke begrenzenden Spiegel während der ganzen Reihe unberührt gelassen, da die Übereinstimmung der Messungen als Maß für die Leistungsfähigkeit des Apparates dienen sollte. Bei der Drahteichung bis 12 m wurden immer alle Spiegel neu justiert.

Tabelle 1

Uhrzeit	1	2	3	4	5	6	7	8
	8.29	1.06	.9 274	.6 686			— 60.40	+ 35.85
	19.04	6.03	.5 284	.8 706	10.71	4.90		
8h 44m	18.60	5.92	.2 243	.8 666			— 53.40	+ 35.00
	7.92	1.08	.2 254	.2 696				
	8.09	1.43	.0 294	.9 727			— 62.70	+ 37.60
	18.78	5.62	.7 294	.6 737	10.72	4.29		
8 51	18.70	5.70	.2 264	.5 727			— 58.10	+ 37.50
	7.96	1.31	.9 274	.5 737				
		Störung						
	18.23	0.23	.6 192	.6 676			— 42.80	+ 34.45
	7.64	6.68	.2 192	.2 686	10.72	6.34		
9 03	7.94	6.64	.1 151	.0 676			— 36.00	+ 34.80
	18.79	0.41	.9 161	.3 686				
	18.52	1.53	.8 253	.2 665			— 56.60	+ 34.25
	7.61	5.53	.8 263	.8 665	10.87	4.02		
9 11	7.45	5.58	.0 220	.0 654			— 50.00	+ 33.80
	18.27	1.53	.0 243	.3 665				
	16.94	1.53	.6 253	.2 684			— 55.70	+ 35.00
	6.00	5.37	.1 262	.9 674	10.86	3.85		
9 18	5.92	5.39	.6 222	.0 674			— 50.70	+ 34.65
	16.70	1.53	.1 242	.6 674				
	16.79	1.04	.6 192	.2 653			— 44.20	+ 33.55
	5.83	5.90	.6 203	.0 653	10.88	4.92		
9 26	4.55	5.97	.2 171	.0 644			— 39.90	+ 33.40
	15.35	0.98	.7 181	.6 654				
	15.66	0.76	.4 161	.2 674			— 38.20	+ 34.55
	4.96	6.23	.8 172	.0 675	10.77	5.49		
9 32	5.55	6.27	.3 141	.2 664			— 34.50	+ 34.35
	16.39	0.77	.2 161	.2 674				
		Lampe neu einreguliert						
	16.23	0.77	.2 152	.4 654			— 35.60	+ 34.05
	5.52	6.22	.4 161	.8 665	10.76	5.46		
9 41	5.51	6.23	.5 131	.0 646			— 32.10	+ 33.40
	16.32	0.76	.6 141	.6 655				
	16.45	1.55	.2 212	.2 686			— 47.40	+ 35.25
	5.70	5.34	.2 222	.8 686	10.76	3.74		
9 47	5.69	5.34	.8 192	.2 666			— 45.10	+ 34.25
	16.46	1.64	.3 212	.8 666				
	16.26	1.65	.9 192	.3 666			— 45.10	+ 34.30
	5.32	5.32	.2 212	.9 666	10.92	3.61		
9 53	5.29	5.29	.8 182	.3 666			— 42.80	+ 34.40
	16.19	1.73	.0 201	.2 676				
	16.15	1.08	.9 162	.2 697			— 38.80	+ 35.55
	5.42	5.83	.9 172	.0 697	10.64	4.70		
9 59	5.28	5.80	.0 151	.7 686			— 35.90	+ 35.40
	15.82	1.16	.9 162	.0 697				
	15.75	1.90	.0 212	.3 666			— 46.50	+ 34.40
	4.90	4.88	.5 212	.3 676	10.81	2.69		
10 06	5.40	4.62	.6 192	.3 646			— 44.10	+ 33.55
	16.16	2.23	.5 202	.0 666				
		Störung						

Tabelle 1 (Fortsetzung)

Uhrzeit	1	2	3	4	5	6	7	8
	16.47	1.93	.2 192	.4 686			— 43.00	+ 35.30
	5.72	4.93	.8 192	.8 686	10.68	2.94		
$10^h\ 15^m$	4.87	4.93	.2 182	.2 686			— 41.20	+ 35.35
	15.49	2.05	.0 192	.2 696				
	15.53	1.70	.4 162	.6 685			— 37.70	+ 35.55
	4.78	5.30	.3 172	.5 696	10.70	3.58		
10 . 19	4.49	5.26	.3 151	.0 686			— 35.90	+ 35.30
	15.15	1.70	.6 162	.2 696				

Damit ergibt sich zur Berechnung von e_4 der Ausdruck

$$e_4 = \left\{32\,P + 32\,\frac{P}{2}\left[\alpha^2 - \left(\frac{\delta_1 - \delta_2}{2}\right)^2\right] \pm 2\,p_3 \pm \frac{1}{2}\,p_4\right\}\lambda.$$

Mangels einer besonderen Etaloneichung ist die genaue Ordnungszahl P unbekannt, das konstante Glied $32\,P$, das hier ohne Interesse ist, wird daher weggelassen. In dem Produkt $P\left[\alpha^2 - \left(\frac{\delta_1 - \delta_2}{2}\right)^2\right]$ genügt es, für $\frac{P}{2}$ den Wert 97000 anzusetzen, der abgerundet der Länge des Etalons von 6.25 cm entspricht. Die Werte $2\,\alpha$ und $(\delta_1 - \delta_2)$ in Trommelteilen, sowie $2\,p_3$ und $\frac{1}{2}\,p_4$ sind der Tabelle der Beobachtungszahlen der Reihe nach in den Spalten 5, 6, 7 und 8 angefügt. Die Ordnungszahlen der Meßkeilablesungen wurden der vor und nach der Messungsreihe ausgeführten Keileichung entnommen, das Vorzeichen von p_3 und p_4 mittels des eingeschobenen Glimmerplättchens festgestellt zu — bei p_3 und + bei p_4. α und $(\delta_1 - \delta_2)$ sind noch in Winkelwerten mittels der durch besondere Messungen festgestellten Schraubenwerte umzuwandeln. Es wurde gefunden:

als Schraubenwert des Mikrometers zur Messung der Ringdurchmesser: 1 Umdrehung = 115.″54,
als Schraubenwert der Kippschraube des Etalongestells: 1 Umdrehung = 206.″587.

Die zur Berechnung von α bzw. $\frac{1}{2}(\delta_1 - \delta_2)$ aus den angegebenen Beobachtungszahlen für $2\,\alpha$ bzw. $(\delta_1 - \delta_2)$ angewandten Umrechnungsfaktoren sind somit

$$\frac{57.77}{206\,264.8} = 28 \cdot 10^{-5} \quad \text{und} \quad \frac{103.29}{206\,264.8} = 501 \cdot 10^{-6}.$$

Nach diesen Angaben werden die in der folgenden Tabelle angegebenen einzelnen Schritte der Berechnung verständlich sein.

Tabelle 2

$2\alpha \cdot 28 \cdot 10^{-5}$	α^2	$(\delta_1 - \delta_2) \cdot 501 \cdot 10^{-6}$	$\left(\frac{\delta_1 - \delta_2}{2}\right)^2$	$(2+4) \cdot \frac{P}{2} \cdot 32$	$2\,p_3 + \frac{1}{2}\,p_4$	L	R	v
$2999 \cdot 10^{-6}$	$+ 899 \cdot 10^{-8}$	$2455 \cdot 10^{-6}$	$- 603 \cdot 10^{-8}$	+ 9.19	— 21.48	— 12.29	— 11.88	— .41 λ
3002	901	2149	462	+ 13.63	— 22.85	— 9.22	— 9.80	+ .58
3002	901	3176	1009	— 3.35	— 4.78	— 8.13	— 6.34	— 1.79
3044	927	2014	406	+ 16.17	— 19.27	— 3.10	— 4.09	+ .99
3041	925	1929	372	+ 17.17	— 18.38	— 1.21	— 2.01	+ .80
3046	928	2465	608	+ 9.93	— 8.58	+ 1.35	+ .24	+ 1.11
3016	910	2750	756	+ 4.78	— 1.90	+ 2.88	+ 1.97	+ .91
3013	908	2735	748	+ 4.97	— 0.12	+ 4.85	+ 4.57	+ .28
3013	908	1874	351	+ 17.29	— 11.50	+ 5.79	+ 6.30	— .51
3058	935	1809	327	+ 18.87	— 9.60	+ 9.27	+ 8.03	+ 1.24
2979	887	2355	555	+ 10.31	— 1.88	+ 8.43	+ 9.77	— 1.34
3027	916	1348	182	+ 22.78	— 11.32	+ 11.46	+ 11.84	— .38
2990	894	1473	217	+ 21.01	— 6.78	+ 14.23	+ 14.44	— .21
2996	898	1794	322	+ 17.88	— 1.38	+ 16.50	+ 15.65	+ .85

Unter L stehen die einzelnen Meßergebnisse für den Plattenabstand der 4 m-Strecke (abgesehen vom konstanten Betrag 32 P, s. oben). Die Einzelwerte zeigen einen starken Gang als Folge der Längenänderung des Eisenträgers, der die beiden Spiegelgestelle trägt. Gleicht man die Ergebnisse mit der einfachsten Annahme, die Längenänderung sei proportional der Zeit, aus, so ergeben sich die in der Tabelle unter R angeführten Rechnungswerte mit ihren Unterschieden v gegen die Einzelbeobachtungen L. Aus den v errechnet man den m. F. einer „Einzelbeobachtung" L zu $\pm$ 1.02 λrot entsprechend einem relativen mittleren Fehler von $\pm 1.6 \cdot 10^{-7}$; die entsprechenden Zahlen für das Gesamtmittel der 14 Einzelbeobachtungen sind dann $\pm$ 0.27 λrot bzw. $\pm 0.43 \cdot 10^{-7}$.

Zur Beurteilung der Leistungsfähigkeit des Apparates mögen noch die m. F. einer Einzelmessung weiterer Beobachtungsreihen der 4 m-Strecke mitgeteilt werden, soweit sie nicht infolge Störungen durch unregelmäßige Temperaturänderungen bei plötzlich eintretendem Sonnenschein für diese Frage unbrauchbar sind.

$\mu = \pm$ 0.85	λrot	entsprechend	$\pm 1.3 \cdot 10^{-7}$	$n = 19$
0.82		„	1.3	= 17
1.52		„	2.4	= 12
1.70		„	2.7	= 15

n bedeutet die Anzahl der Einzelmessungen.

Als zweites Beispiel sei die Messung des 12 m-Invardrahtes mitgeteilt. In dieser Messungsreihe wurden die reinen Interferenzbeobachtungen nach dem gleichen Schema durchgeführt wie oben angegeben. Vor Beginn und nach Beendigung jedes einzelnen Satzes von Interferenzmessungen wurden die beiden Skalen des Invardrahtes eingemessen. Eine Justierung der gesamten Apparatur einschließlich der Spannung des Invardrahtes fand vor jeder Einzelmessung statt. Infolgedessen darf jeder Satz als unabhängige Messung angesehen werden und der später angegebene m. F. eines Satzes als einwandfreies Maß für die Güte der Beobachtungen und die Leistungsfähigkeit des Apparates gelten. Da alle Beobachtungen allein vom Verfasser ausgeführt wurden, somit viel Zeit für die Wege zu den einzelnen Meßstellen benötigt wurden, sind die größeren Zwischenzeiten zwischen den einzelnen Sätzen verständlich.

In der Tabelle der Beobachtungszahlen bezieht sich:

Spalte 1 auf die Etalon-Eichung,
„ 2 auf die Vergleichung des Etalons mit der 12.5 cm-Strecke,
„ 3, 4 und 5 auf die Vergleichungen 12.5 cm mit 1 m, 1 m mit 4 m und 4 m mit 12 m,
„ 6 und 7 auf die Einmessung der Drahtskalen.

In den Spalten 6 und 7 gilt die erste und dritte Zahl jeder Spalte für die Einstellung auf die die Marke einschließenden Skalenstriche, die Einstellung auf die Marke selbst gibt die zweite Zahl. In Spalte 6 ist das einschließende Intervall 400 μ, in Spalte 7 200 μ. Die Ablesungen selbst sind in ganzen Umdrehungen und Trommelteilen (nicht Bruchteilen einer Umdrehung) gegeben; eine Umdrehung enthält 50 Trommelteile (Tabelle 3).

Tabelle 3

Uhrzeit	1	2	3	4	5	6		7	
	12.331	1.040	+ 77.6	— 133.0	+ 82.0	1.471	1.483	4.186	4.194
	20.952	4.672	78.2	134.1	83.2	4.199	4.205	5.094	5.105
22h 43m	20.850	4.581	78.1	134.2	80.0	7.150	7.139	6.447	6.439
	12.041	1.303	77.5	133.2	78.4				
	10.703	1.081	75.9	130.2	90.0	1.479	1.476	4.184	4.192
	19.156	4.315	76.1	130.1	93.0	4.196	4.203	5.102	5.110
23 00	19.246	4.388	76.0	129.9	94.0	7.150	7.148	6.455	4.440
	10.734	1.113	75.8	130.8	95.1				
	10.638	0.634	80.0	138.5	99.8	1.475	1.478	4.194	4.191
	19.054	4.820	80.1	139.0	101.0	4.198	4.201	5.103	5.107
23 17	19.236	4.836	80.2	139.0	100.2	7.143	7.148	6.435	6.436
	10.660	0.697	80.0	139.3	100.3				
	10.035	0.753	77.7	137.0	98.0	1.474	1.474	4.191	4.191
	18.638	4.624	79.0	138.1	100.0	4.202	4.198	5.106	5.103
23 37	18.468	4.700	78.9	137.6	100.0	7.143	7.147	6.441	6.440
	9.823	0.811	77.8	138.0	101.1				
	9.705	0.484	79.5	135.9	102.0	1.473	1.475	4.176	4.171
	18.118	4.837	79.5	137.6	104.3	4.201	4.203	5.103	5.099
23 47	18.120	4.814	79.5	135.8	103.0	7.148	7.147	6.420	6.422
	9.715	0.621	79.5	137.0	104.4				
	9.508	0.373	80.6	137.6	123.8	2.008	2.005	4.213	4.218
	17.809	5.017	80.4	138.5	124.4	4.203	4.195	5.103	5.106
0 03	18.164	5.220	80.3	137.0	122.8	7.175	7.178	6.461	6.461
	9.664	0.244	80.8	138.1	124.2				
	12.086	5.240	79.4	143.2	129.2	2.008	2.004	4.214	4.213
	20.383	0.632	80.8	143.6	130.0	4.195	4.200	5.106	5.103
0 20	20.644	0.617	80.7	144.2	128.0	7.174	7.180	6.456	6.464
	13.170	5.260	79.1	144.3	129.8				
	13.575	0.595	82.3	144.2	137.8	2.023	2.022	4.232	4.231
	21.907	5.740	82.6	144.9	139.3	4.202	4.203	5.102	5.108
0 38	22.116	5.687	82.5	143.7	137.0	7.187	7.188	6.472	6.478
	13.703	0.577	82.0	144.3	138.2				
	12.785	0.593	80.6	145.2	145.1	2.042	2.051	4.249	4.253
	21.253	5.550	80.7	147.3	147.0	4.183	4.184	5.096	5.093
0 58	21.004	5.575	80.8	144.9	146.8	7.209	7.211	6.492	6.485
	12.843	0.662	80.8	146.4	148.4				
	13.121	0.815	79.0	147.8	153.6	2.050	2.053	4.253	4.258
	21.385	5.373	79.8	149.2	155.6	4.193	4.187	5.093	5.098
1 10	21.373	5.402	79.8	148.8	154.8	7.209	7.212	6.495	6.493
	12.725	0.878	78.9	149.7	155.9				
	12.708	0.810	78.5	148.0	168.0	2.043	2.049	4.243	4.249
	21.268	5.367	78.2	150.0	170.8	4.186	4.188	5.096	5.093
1 31	20.951	5.480	78.1	148.2	171.0	7.207	7.204	6.491	6.487
	12.380	0.794	78.1	150.0	172.8				
	12.255	0.865	76.2	143.8	168.3	2.050	2.054	4.250	4.251
	20.843	5.320	77.0	144.6	170.0	4.193	4.188	5.094	5.098
1 45	20.747	5.404	77.1	142.7	168.0	7.213	7.209	6.484	6.483
	11.973	0.864	76.2	144.0	168.5				
	12.754	0.580	78.7	143.6	172.2	2.053	2.056	4.253	4.248
	21.342	5.647	78.9	144.2	174.0	4.188	4.187	5.091	5.098
1 55	21.436	5.673	78.9	143.1	173.0	7.203	7.209	6.494	6.494
	12.696	0.613	78.4	144.2	174.2				

Die nachfolgende Zusammenstellung gibt die Berechnung der Beobachtungen.

Tabelle 4

a^2	$\left(\frac{\delta_1-\delta_2}{2}\right)^2$	$(\text{Sp.}1+2)\cdot\frac{P}{2}\cdot 96$	$6\,p_3+\frac{3}{2}\,p_4+\frac{1}{2}\,p_5$	Sp. 3 + 4		Skala 1	Skala 2	Sp. 5 + 6 + 7	v
$+595\cdot10^{-8}$	$-299\cdot10^{-}$	+ 27.6 λ	+ 32.1 λ	+ 59.7 λ =	38.4 μ	+ 183.69 μ	− 65.36 μ	+ 156.7 μ	+ 2.25 μ
564	265	+ 27.8	+ 31.8	+ 59.6	38.4	82.97	66.91	54.5	+ .05
566	426	+ 13.0	+ 47.2	+ 60.2	38.8	83.29	66.37	55.7	+ 1.25
580	378	+ 18.8	+ 38.5	+ 57.3	36.9	83.48	66.19	54.2	— .25
555	458	+ 9.0	+ 48.8	+ 57.8	37.2	83.73	68.54	52.4	— 2.05
555	581	— 2.4	+ 63.4	+ 61.0	39.3	78.65	62.39	55.6	+ 1.15
547	536	+ 1.0	+ 53.9	+ 54.9	35.4	78.24	62.58	51.1	— 3.35
549	658	— 10.2	+ 71.7	+ 61.5	39.6	77.11	60.07	56.6	+ 2.15
541	610	— 6.4	+ 63.9	+ 57.5	37.0	70.43	55.52	51.9	— 2.55
560	518	+ 3.9	+ 55.3	+ 59.2	38.1	71.27	54.91	54.4	— .05
575	536	+ 3.6	+ 56.1	+ 59.7	38.4	71.61	56.07	53.9	— .55
590	509	+ 7.5	+ 53.4	+ 60.9	39.2	71.27	56.04	54.4	— .05
588	643	— 5.1	+ 68.4	+ 63.3	40.8	70.92	55.33	56.4	+ 1.95
							Mittel:	154.45	

Für den m. F. eines Satzes errechnet man aus diesen Zahlen den Wert $\pm$ 1.77 μ entsprechend einem relativen mittleren Fehler von $\pm 1.5\cdot10^{-7}$.

Zieht man in Betracht, daß die lineare Ausgleichung der 4 m-Messungen nicht in jedem Falle alle durch Temperaturstörungen veranlaßten Änderungen erfaßt haben wird, so darf man wohl die errechneten mittleren Fehler als einen Beweis für die befriedigende Leistungsfähigkeit des Komparators ansehen.

Anhang

Interferenzerscheinungen entstehen durch Zusammenwirken der von verschiedenen Lichtquellen herrührenden elektro-magnetischen Felder nach dem Superpositionsprinzip. Dieses besagt: Der Vektor der Feldstärke eines durch Zusammenwirken mehrerer (evtl. veränderlicher) elektromagnetischer Felder entstehenden resultierenden Feldes ist in jedem Zeitpunkt gleich der vektoriellen Summe der dem betreffenden Zeitpunkt zukommenden Einzelvektoren. Sind in einem Punkt die von zwei Lichtquellen herrührenden elektrischen Feldvektoren gegeben durch

$$v_1 = a_1 \cos 2\pi\nu t \text{ bzw. } v_2 = a_2 \cos (2\pi\nu t + \delta),$$

so ergibt sich der resultierende Vektor (wenn wir der Einfachheit halber $v_1 \parallel v_2$ annehmen) durch

$$v = {}_1 + v_2 = a_1 \cos 2\pi\nu t + a_2 \cos (2\pi\nu t + \delta) = a \cos (2\pi\nu t + A)$$

mit

$$a^2 = a_1{}^2 + a_2{}^2 + 2\, a_1 a_2 \cos \delta .$$

Nun ist bekanntlich die vom Auge empfundene Helligkeit proportional dem Quadrat der Schwingungs-Amplitude. Demnach sind die von den beiden Lichtquellen einzeln hervorgerufenen Helligkeiten (wenn man den Proportionalitätsfaktor = 1 setzt) $J_1 = a_1{}^2$, $J_2 = a_2{}^2$, während sich die Helligkeit infolge des Zusammenwirkens nach der oben angegebenen Formel zu

$$J = a^2 = J_1 + J_2 + 2\sqrt{J_1 J_2} \cos \delta$$

ergibt. Je nach dem Wert von δ, „der Phasenverschiebung“ zwischen beiden Schwingungen, kann also die resultierende Helligkeit größer oder kleiner sein als die Summe der Einzelhelligkeiten. Im Falle $J_1 = J_2$ kann sie zwischen $4\,J_1$ und 0 liegen, d. h. es kann in einem von zwei gleich hellen Lichtquellen beleuchteten Punkt völlige Dunkelheit herrschen.

Dieses beim Zusammensetzen von Schwingungen sich als selbstverständlich ergebende Resultat steht im krassen Gegensatz zur Erfahrung. Stets hat die Messung der durch mehrere Lampen in einem Punkt hervorgebrachten Gesamthelligkeit diese als die Summe der Einzelhelligkeiten ergeben.

Woher kommt dieser Widerspruch? Er rührt her von der Art, wie das Auge auf die elektromagnetischen Schwingungen mit der Empfindung „Helligkeit“ reagiert und von der Art des Mechanismus der Lichtaussendung seitens der Lichtquelle. Die von uns als Licht wahrgenommenen Schwingungen sind so schnell, daß das Auge den Schwingungsvorgang im einzelnen (etwa wie das Schwingen eines Pendels) gar nicht verfolgen kann, so wie dies z. B. ein Oszillograph für die Schwingungen eines langsamen Wechselstromes tut. Das Auge registriert vielmehr nur den Mittelwert des Quadrats der Schwingungs-Amplitude über eine sehr große Zahl von Schwingungen. Daher hat man für die von einer Lichtquelle erzeugte Helligkeit genauer als oben zu schreiben:

$$\bar{J} = \frac{1}{t_2 - t_1} \int_{t_1}^{t_2} a^2\, dt ,$$

wo $t_2 - t_1$ eine im Vergleich zur Schwingungsdauer sehr große, absolut genommen natürlich eine kleine Zeitspanne ist. Ist nun a während längerer Zeit konstant, so ist selbstverständlich $\bar{J} = a^2 = J$, und die oben geschilderten Erscheinungen müßten tatsächlich wahrgenommen werden. Die Konstanz von a ist jedoch „im allgemeinen“ nicht vorhanden und diese Inkonstanz wird verursacht durch den Mechanismus der Lichtaussendung seitens der Atome. Im einzelnen ist dieser Vorgang noch nicht bekannt. Man muß aber aus dem Ausbleiben der oben geschilderten, beim Zusammenwirken mehrerer Lichtquellen eigentlich zu erwartenden Erscheinungen schließen, daß infolge des besonderen Mechanismus der Lichtaussendung der zeitliche Mittelwert der Größe $\sqrt{J_1 J_2} \cos \delta$ verschwindet. Man kann sich natürlich darüber verschiedene Vorstellungen machen, wie sie etwa von PLANCK in seiner Theorie der natürlichen Strahlung gemacht sind. Danach hat man sich vorzustellen, daß der Lichtvektor der Lichtausbreitung nur immer während äußerst kurzer (im Vergleich zu $t_2 - t_1$) Zeitspanne in dem gleichen Schwingungszustand verharrt, daß aber zwischen den Schwingungszuständen aufeinanderfolgender Zeitspannen gesetzlose Sprünge sowohl in der Phase δ wie auch in der Richtung stattfinden, so daß das Glied $2\sqrt{J_1 J_2} \cos \delta$ im Verlauf der Zeit $t_2 - t_1$ alle möglichen zwischen $+2\sqrt{J_1 J_2}$ und $-2\sqrt{J_1 J_2}$ gelegenen Werte ungeheuer viele Male annimmt, sein allein wahrgenommener Mittelwert über die Zeit $t_2 - t_1$ sich also zu Null ergibt und somit im Einklang mit der Erfahrung immer

$$\bar{J} = \bar{J}_1 + \bar{J}_2 .$$

Es wurde oben bemerkt, daß die Konstanz von a „im allgemeinen" nicht vorhanden ist. Tatsächlich gibt es Fälle — und diese umfassen eben das Gebiet der Interferenzerscheinungen —, in denen diese Konstanz existiert und daher die oben erwarteten Erscheinungen bezüglich der Intensität wirklich zu beobachten sind. Diese treten nämlich auf, wenn Licht ein und derselben Lichtquelle auf verschiedenen Wegen zu demselben Beobachtungspunkt gelangt und die beiden Felder sich hier überlagern. Dann treten je nach den Versuchsbedingungen alle Variationen der Helligkeit entsprechend dem oben abgeleiteten Ausdruck tatsächlich auf. Das ist jetzt auch ohne weiteres verständlich. Sind nämlich die Längen der Wege der beiden zur Vereinigung kommenden Strahlen nur so weit voneinander verschieden, daß bei der Vereinigung zum überwiegenden Teil die im gleichen Schwingungszustand befindlichen Wellengruppen zusammentreffen, daß also die Laufzeitdifferenz auf beiden Wegen nur ein geringer Bruchteil der Zeit des Verharrens im gleichen Schwingungszustand einer Wellengruppe ist, so ist (fast während der gesamten Zeit) die Phasendifferenz δ, die jetzt nur vom Wegunterschied abhängt, und die Richtungsdifferenz der Vektoren konstant, das Glied $2\sqrt{J_1 J_2} \cos \delta$ kann also jetzt auch im Mittel jeden Wert zwischen $+2\sqrt{J_1 J_2}$ und $-2\sqrt{J_1 J_2}$ annehmen. In diesem Falle treten also die oben erwarteten Erscheinungen der Verstärkungen oder auch der Abschwächung bzw. völligen Vernichtung der Helligkeit ein. Und zwar findet die größtmögliche Verstärkung, ein Helligkeitsmaximum, statt, wenn die beiden interferierenden Strahlen infolge der Wegdifferenz mit einem Phasenunterschied von $2k\pi$ ($k = 0, 1, 2 \ldots$) entsprechend einer ganzen Anzahl Wellenlängen eintreffen, Abschwächung oder ein Helligkeitsminimum dagegen beim Phasenunterschied $(2k + 1)\pi$ entsprechend $\left(k + \frac{1}{2}\right)$ Wellenlängen Wegunterschied. Man nennt Wellen, die infolge des Zusammentreffens entsprechender Wellengruppen immer gleichzeitig in demselben Schwingungszustand sind, kohärent. Erfahrungsgemäß senden also verschiedene Lichtquellen niemals kohärente Wellen aus, ja nicht einmal die einzelnen Punkte einer einzigen Lichtquelle. Es gibt deshalb auch keine Interferenzerscheinungen beim Zusammentreffen von Strahlen, die von verschiedenen Punkten einer flächenhaften Lichtquelle ausgehen. Ebensowenig interferieren Strahlen verschiedener Wellenlängen (Farbe) untereinander.

Die Forderung des Zusammentreffens gleichartiger Wellengruppen als Vorbedingung für die Entstehung von Interferenzerscheinungen gibt eine Grenze für den Wegunterschied, bis zu dem Interferenzerscheinungen auftreten können. Wird diese Grenze überschritten, überdecken sich also die gleichartigen Wellengruppen nicht während eines genügend langen Bruchteils der Zeit des Verharrens im Schwingungszustand der jeweiligen Wellengruppe, so hört die „Interferenzfähigkeit" auf. Darin liegt eine der physikalischen Ursachen der Grenze des Wegunterschiedes, bis zu welcher man Interferenzerscheinungen beobachtet.

Als die praktisch wichtigste Anordnung, sich kohärente Wellenzüge zu verschaffen, benutzt man die Spiegelung einer Lichtquelle. Allgemein bekannt ist die FRESNELsche Spiegelanordnung. Ihr ganz analog, aber wesentlich verwendungsfähiger, ist der Luftkeil, auf den hier etwas näher eingegangen werden muß, da er ein wesentliches Glied des beschriebenen Komparators ist. Der Luftkeil besteht aus zwei halbdurchlässig verspiegelten Glasplatten, die an der einen Seite mit der Verspiegelung sich berührend aufeinanderliegen, an der anderen Seite durch einen kleinen Zwischenraum (z. B. eingelegtes Stanniol) getrennt sind.

Sendet man durch diesen Luftkeil Licht, so wird ein Teil davon an den halbdurchlässigen Flächen wiederholt reflektiert und dieses reflektierte Licht ergibt die auf verschiedenen Wegen laufenden zum direkt durchgehenden Licht kohärenten Wellengruppen. Von der entstehenden Interferenzerscheinung erhält man am einfachsten ein klares Bild, wenn man, statt den Strahlengang mit den einzelnen Reflexionen zu verfolgen, die Reflexionen — wie man es bei der Erklärung des Fresnelschen Versuchs gewöhnlich tut — durch die entsprechend konstruierten virtuellen Bilder der Lichtquelle ersetzt. Dies Verfahren, das immer zu einer einfacheren und eleganteren Berechnung der Wegunterschiede führt als die kunstlose Berechnung des Strahlenweges selbst, soll in Zukunft immer angewendet werden. Im zu betrachtenden Fall hat man so neben der direkten Lichtquelle L (Abb. 24) die der 1-, 2-, 3-... maligen Doppelreflexion entsprechenden virtuellen Lichtquellen L', L'', L''' ... Dabei ist dem Reflexionsgesetz zufolge $SL = SL' = SC'' = \ldots$ und die Bogen LL', $L'L''$, $L''L'''$ ... sind sämtlich $= 2\beta$, wenn β der Keilwinkel ist. Man ersieht hieraus sofort, daß man, soweit es nur auf die Berechnung des Wegunterschiedes ankommt, immer die $2n$-fache Reflexion am Keil ersetzen kann, durch die doppelte Reflexion am Keil mit dem Keilwinkel $n\beta$. Auch davon wird bei der Theorie des Komparators Gebrauch gemacht.

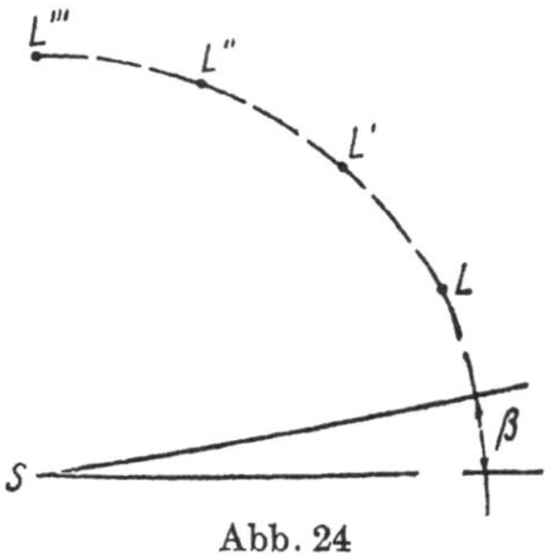

Abb. 24

Wenn man sich zunächst nur auf die zweimalige Reflexion beschränkt, so hat man also die beiden Lichtquellen L und L' zu berücksichtigen. Vom Keil kann man dann ganz absehen, lediglich der Keilscheitel S spielt noch eine Rolle. Die im Raum entstehende Interferenzerscheinung ist sofort zu übersehen. Die Orte gleichen Wegunterschiedes, also auch die Helligkeitsmaxima und -minima, sind die zweischaligen Hyperboloide mit den Brennpunkten L und L', für die die Abstandsdifferenz von diesen Punkten gleich $k\,\lambda$ bzw. $\left(k + \frac{1}{2}\right)\lambda$ $(k = 0, 1, 2 \ldots)$ ist. Als entartetes Hyperboloid gehört hierzu auch die Mittelnormal-Ebene von LL', die durch S geht und für die der Wegunterschied gleich 0 ist, und die beiden von L und L' ausgehenden Achsen der Hyperboloide, für die der Wegunterschied gleich $LL' = 2\,SL \cdot \sin\beta$ ist (selbstverständlich entsteht das Interferenzfeld nicht im ganzen Raum, sondern nur soweit es die Begrenzung des Keils zuläßt). Ist nun die Lichtquelle flächenhaft ausgedehnt, wie es tatsächlich immer der Fall ist, so gibt jeder „Punkt“ derselben — ungestört durch die anderen Punkte, da diese nach dem oben Gesagten nicht kohärent sind — ein Interferenzfeld mit der analogen Helligkeitsverteilung. Die Gesamterscheinung erhält man durch Summieren der jedem Punkt des Feldes zukommenden Einzelhelligkeiten. Dabei ist noch genau zu präzisieren, was man unter den „einzelnen Punkten“ der Fläche der Lichtquelle zu verstehen hat. Es hat sich hier gezeigt, daß man vollkommen mit der Beobachtung übereinstimmende Ergebnisse erhält, wenn man das Summieren der den einzelnen „Punkten“ der Lichtquelle entsprechenden Helligkeiten des Interferenzfeldes im Sinne einer Integration über die Flächenelemente der Lichtquelle auffaßt. Durch diese Summierung kann nun unter Umständen eine mehr oder weniger starke Verwaschenheit der Interferenzerscheinung eintreten, die zum vollständigen Verschwinden führen kann, wenn in einem Punkt des Feldes — und wegen der Stetigkeit der Erscheinung dann in allen Punkten einer bestimmten Umgebung desselben — alle Helligkeiten zwischen Minimum und Maximum vorkommen. Das wird einmal im wesentlichen von der Größe der Lichtquelle, sodann aber auch von der Lage des Beobachtungspunktes im Interferenzfeld abhängen, und man kann sich die Frage vorlegen, wo die Orte liegen, in denen man die größte Deutlichkeit der Interferenzerscheinung erwarten kann, in denen sich also möglichst weitgehend nur Hyperboloide des gleichen Wegunterschiedes durchkreuzen. Die rechnerische Behandlung dieser Frage, die darzulegen hier zu weit führen würde, ergibt folgendes Resultat (dessen Richtigkeit später wenigstens durch eine geometrische Betrachtung plausibel gemacht wird): Der Ort der Punkte größter Deutlichkeit der Interferenzerscheinung ist der Kreis durch die Punkte S, L und L' in der Normalebene zu S durch L. Selbstverständlich ist auch in den Orten dieses Kreises nicht in jedem Falle eine deutliche Interferenzerscheinung zu erwarten. Dazu ist immer noch nötig, die Lichtquelle in ihrer Größe angemessen zu begrenzen. Diese Begrenzung hat sich nach der erfahrungsgemäß bestätigten Regel zu bemessen, daß die Schwankung der Wegunterschiede aller in jedem Punkte zusammentreffenden kohärenten Strahlenpaare 0.2 λ möglichst nicht übersteigt. Diese Forderung der Begrenzung der Lichtquelle und Rücksichtnahme auf den Ort größter Deutlichkeit ist bei allen Interferenzanordnungen mit dem Keil zu beachten, wenn man Mißerfolge vermeiden will.

Für Meßzwecke verwendet man beim Keil immer paralleles Licht, also ebene einfallende Wellen. Auf die hierbei eintretende Interferenzerscheinung muß, da sie beim Komparator Verwendung findet, etwas näher eingegangen werden; dabei soll die Behandlung auf den Fall beschränkt bleiben, daß die Wellen parallel der Keilkante einfallen. Die Konstruktion des virtuellen Bildes der Lichtquelle ist jetzt, wo diese im Unendlichen liegenden (praktisch im Brennpunkt eines Kollimators) anzunehmen ist, nicht direkt zu benutzen, man kann statt dessen aber eine andere naheliegende Konstruktion anwenden. Denkt man sich L und L' (Abb. 25) zunächst noch im Endlichen, so sind die durch einen beliebigen Punkt der Keilkante S gehenden zugehörigen Kugel-Wellenflächen W und W' für alle Wellenlängen in der gleichen Schwingungsphase, da in S der Wegunterschied $= 0$ ist; für die Konstruktion des Interferenzfeldes leisten diese beiden leicht zu konstruierenden Wellenflächen dieselben Dienste wie L und L'; z. B. findet man den Wegunterschied in irgendeinem Punkt B als Differenz $BF' - BF$ der beiden Wellennormalen. Läßt man nun L nach ∞ rücken, so gehen die Kugelflächen in die beiden sich in der Keilkante unter dem Winkel 2β schneidenden Wellenebenen W und W' über, die für alle Wellenlängen in der gleichen Phase schwingen; dabei ist W natürlich in der gegebenen Einfallsrichtung anzunehmen[1]).

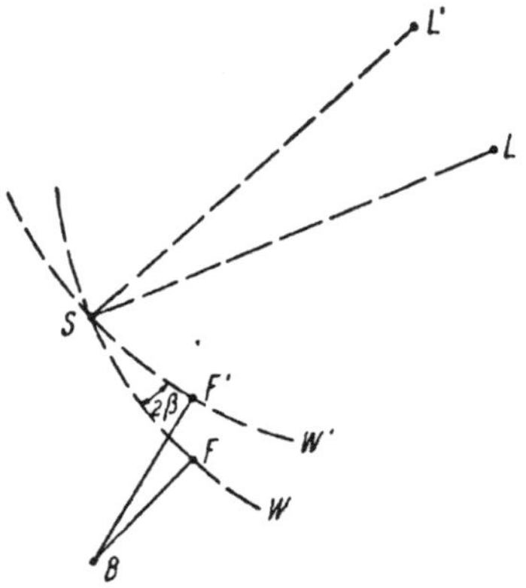

Abb. 25

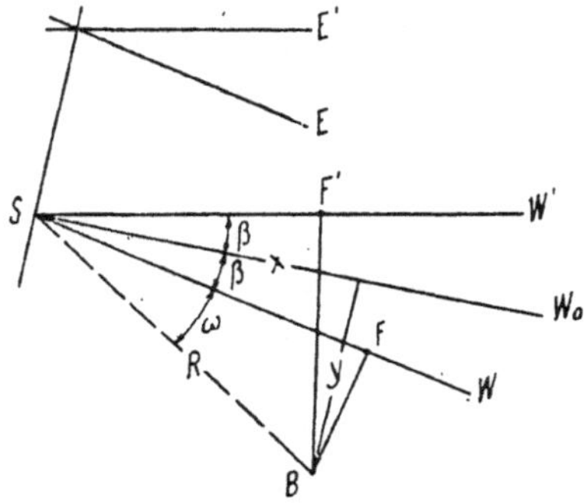

Abb. 26

Die beiden Wellenebenen ersetzen zur Berechnung der Interferenzerscheinung vollständig den Keil und die darin stattfindenden Reflexionen. Mehrfache Reflexionen sind ohne weiteres durch Annahme weiterer in der Keilkante sich schneidende unter $2n\beta$ gegen W geneigte Wellenebenen zu berücksichtigen.

Der Wegunterschied in einem Beobachtungspunkt B ist nun einfach gleich der Differenz der Wellennormalen $BF' - BF$. Um hierfür einen einfachen Ausdruck zu erhalten, legt man noch die winkelhalbierende Ebene W_0 von W und W', die „mittlere Wellenebene" genannt werden soll (Abb. 26). Bezieht man dann B auf diese mittlere Wellenebene mittels der rechtwinkligen Koordinaten x und y, so ist

$$BF = y \cos\beta - x \sin\beta, \quad BF' = y \cos\beta + x \sin\beta,$$

also

$$BF' - BF = 2x \sin\beta.$$

Der Wegunterschied ist also von y gänzlich frei, d. h. die Orte gleichen Wegunterschiedes sind die zur Keilkante parallelen, zu W_0 normalen Ebenen. Der Abstand dx der Helligkeitsmaxima (die „Streifenbreite") findet sich aus $2\,dx \sin\beta = \lambda$ zu

$$dx = \frac{\lambda}{2 \sin\beta}.$$

[1]) Die Konstruktion der Wellenebenen W und W' für den allgemeinen Fall zur Keilkante geneigter Wellen bietet keine Schwierigkeit. Der Winkel zwischen beiden Ebenen ist $2\beta \sin\vartheta$, wenn ϑ der Winkel zwischen einfallendem Strahl und Keilkante ist.

Ein Helligkeitsmaximum herrscht natürlich auf der durch S gehenden Ebene gleichen Wegunterschiedes. Da diese speziell die Orte des Wegunterschiedes 0 enthält, kann man statt der sich in S schneidenden Ausgangswellenebenen W und W' zwei beliebige andere, zu W bzw. W' parallele, sich in dieser Ebene des Wegunterschiedes 0 schneidende Ebenen (z. B. E und E') nehmen; von diesem Verfahren wird gelegentlich Gebrauch gemacht. Aus den abgeleiteten Formeln sieht man, daß man den Wegunterschied, ausgedrückt in Wellenlängen, einfach erhält, indem man den Abstand des Beobachtungspunktes von der Ebene des Wegunterschiedes 0 dividiert durch die Streifenbreite, was alles ohne weiteres verständlich ist, mitunter aber die Berechnung der Interferenzerscheinungen einfacher durchführen läßt.

Die Ebenen maximaler Helligkeit schneiden nun die beliebig (natürlich unter Festhaltung von S) gelegene Keiloberfläche in Geraden, parallel zur Keilkante, also in Geraden jeweils gleicher Keildicke. Deswegen heißen die auf der Keiloberfläche zu beobachtenden Interferenzstreifen „Interferenzen gleicher Dicke". Doch darf diese Bezeichnung nur bei Verwendung ebener Wellen gebraucht werden. Fällt eine der Keilflächen mit W_0 zusammen — senkrechter Lichteinfall —, so ist $2x \sin\beta = 2e$ gleich der doppelten Keildicke, die dadurch leicht gemessen werden kann. Man hat zu diesem Zweck nur die Anzahl der Streifenbreiten vom Keilscheitel aus bis zum Meßpunkt abzuzählen; ist diese gleich $N + \varepsilon$ (N = ganze Zahl, $0 \leqq \varepsilon$ = Streifenbruchteil), so ist der Wegunterschied $= (N + \varepsilon)\lambda = 2x \sin\beta = 2e$. Im übrigen ist die mittlere Wellenebene W_0 auch der Ort der deutlichsten Sichtbarkeit der Interferenzstreifen, so daß der senkrechte Lichteinfall auch von diesem Gesichtspunkt aus beobachtungstechnisch am günstigsten ist.

Geht man zur Berücksichtigung der mehrfachen Reflexionen über, so muß man die den einzelnen Reflexionen entsprechenden Schwingungen nach dem Superpositionsprinzip addieren. Hierzu setzt man die Schwingungen am zweckmäßigsten in der komplexen Form $a e^{2\pi i\left(\nu t - \frac{x}{\lambda}\right)}$ an. Die Berechnung der Intensität erfolgt dann am leichtesten mit Hilfe eines kleinen Kunstgriffes. Bis auf den belanglosen Faktor 1/2 ist die der obigen Schwingung entsprechende Intensität $= a^2$. Diesen Wert erhält man sofort, wenn man die komplexe Zahl mit ihrem konjugiert komplexen Wert multipliziert. Dieser hier sehr trivial erscheinende Kunstgriff erweist sich in den Anwendungen doch als sehr nützlich, da man ihn auch anwenden kann, wenn die Schwingung als Aggregat komplexer Schwingungen dargestellt ist. Im Falle mehrfacher Reflexionen hat man neben der einfallenden Wellenfläche W die weiteren Wellenflächen $W', W'' \ldots W^{(p)}$ zu berücksichtigen, wenn p Doppelreflexionen in Betracht gezogen werden. Alle Wellenflächen schneiden sich in S, der Winkel zwischen W und $W^{(n)}$ beträgt $2n\beta$. $W^{(n)}$ ist die Amplitude ϱ^{2n} zuzuschreiben (ϱ = Refl. Koeff.), wenn die Amplitude der einfallenden Welle zu 1 angenommen wird. Legt man den Beobachtungspunkt B fest durch die Koordinaten R und ω (Abb. 26), so ist der in B durch $W^{(n)}$ hervorgerufene Schwingungszustand gleich $\varrho^{2n} e^{2\pi i\left[\nu t - \frac{R \sin(\omega + 2n\beta)}{x}\right]}$, wenn der gleichzeitig auf W herrschende Schwingungszustand zu $e^{2\pi i \nu t}$ angenommen wird. Der infolge Superposition der p Wellen in B herrschende Schwingungszustand ist gegeben durch:

$$S = \sum_0^p{}^n \varrho^{2n} e^{2\pi i\left[\nu t - \frac{R \sin(\omega + 2n\beta)}{\lambda}\right]}.$$

Unter Benutzung des angegebenen Kunstgriffes erhält man für die Intensität dieser Schwingung den Ausdruck:

$$J = \sum_0^p{}^m \sum_0^p{}^n \varrho^{2(m+n)} e^{2\pi i \frac{2R}{\lambda} \cos[\omega + (m+n)\beta] \sin(m-n)\cdot\beta}.$$

Faßt man jeweils die Glieder mit $m - n = k$ = konst zusammen, so schreibt sich der obige Ausdruck wegen $m + n = 2n + k$:

$$J = \sum_0^p{}^n \varrho^{4n} + \sum_1^p{}^k \sum_0^{p-k}{}^n \varrho^{2(2n+k)} e^{2\pi i \frac{2R}{\lambda} \cos[\omega + (2n+k)\beta] \sin k\beta}$$

$$+ \sum_{-1}^{-p}{}^k \sum_{|k|}^{+p}{}^n \varrho^{2(2n+k)} e^{2\pi i \frac{2R}{\lambda} \cos[\omega + (2n+k)\beta] \sin k\beta}$$

$$= \sum_0^p{}^n \varrho^{4n} + \sum_1^p{}^k \sum_0^{p-k}{}^n \varrho^{2(2n+k)} e^{2\pi i \frac{2R}{\lambda}\cos[\omega+(2n+k)\beta]\sin k\beta}$$

$$+ \sum_1^p{}^k \sum_0^{p-k}{}^n \varrho^{2(2n+k)} e^{-2\pi i \frac{2R}{\lambda}\cos[\omega+(2n+k)\beta]\sin k\beta}$$

$$= \sum_0^p{}^n \varrho^{4n} + 2\sum_1^p{}^k \sum_0^{p-k}{}^n \varrho^{2(2n+k)} \cos\left\{2\pi \frac{2R}{\lambda} \cos[\omega + (2n+k)\beta] \sin k\beta\right\}$$

$$= \sum_0^p{}^n \varrho^{4n} + 2\varrho^2 \cos\frac{2\pi}{\lambda} 2x\sin\beta + 2\sum_1^{p-1}{}^n \varrho^{2(2n+1)} \cos\frac{2\pi}{\lambda}(2x\cos 2n\beta\sin\beta - 2y\sin 2n\beta\sin\beta)$$

$$+ 2\sum_0^p{}^k \sum_0^{p-k}{}^n \varrho^{2(2n+k)} \cos\frac{2\pi}{\lambda}[2x\cos(2n+k-1)\beta\sin k\beta - 2y\sin(2n+k-1)\beta\sin x\beta].$$

Darin sind x und y die rechtwinkligen Koordinaten von B in bezug auf die „mittlere Wellenebene".

Das Hauptglied $2\varrho^2 \cos\frac{2\pi}{\lambda} 2x\sin\beta$, das für kleine Werte des Reflexionskoeffizienten überwiegt, ergibt dieselbe Intensitätsverteilung wie beim oben behandelten Fall, Maxima an den Stellen $x = \frac{N\lambda}{2\sin\beta}$ unabhängig von y. Ist die Anzahl der in Betracht zu ziehenden Reflexionen nicht zu hoch, so daß man $k\beta$ noch als kleinen Winkel ansehen kann, so können für kleine y — Beobachtung in der Nähe der mittleren Wellenebene — die Glieder mit y vernachlässigt und $\cos 2n\beta = 1$ gesetzt werden. In diesem Falle kann man, statt oben stehenden Ausdruck weiter zu behandeln, einfacher von vornherein einen geschlossenen Ausdruck für die Intensität ableiten. Für den Schwingungszustand in B hat man hier anzusetzen:

$$S = e^{2\pi i\nu t} \sum_0^p{}^n \varrho^{2n} e^{-2\pi i \frac{x}{\lambda}(2n-1)\beta} = e^{2\pi i\left(\nu t + \frac{x}{\lambda}\beta\right)} \cdot \frac{\left(1 - \varrho^2 e^{-2\pi i \frac{2x\beta}{\lambda}}\right)^{p+1}}{1 - \varrho^2 e^{-2\pi i\frac{2x\beta}{\lambda}}}.$$

Multiplikation mit dem konjugiert komplexen Wert führt für die Intensität zu dem Ausdruck:

$$J = \frac{1 + \varrho^{4(p+1)} - 2\varrho^{2(p+1)}\cos 2\pi\frac{2x\beta(p+1)}{\lambda}}{1 + \varrho^4 - 2\varrho^2\cos 2\pi\frac{2x\beta}{\lambda}} = \frac{[1 - \varrho^{2(p+1)}]^2 + 4\varrho^{2(p+1)}\sin^2\pi\frac{2x\beta(p+1)}{\lambda}}{(1-\varrho^2)^2 + 4\varrho^2\sin^2\pi\frac{2x\beta}{\lambda}}.$$

Zufolge dieses Ausdrucks rühren die hauptsächlichsten Schwankungen der Intensität von dem Summanden $4\varrho^2\sin^2\pi\frac{2x\beta}{\lambda}$ des Nenners her; den Nullstellen $x = \frac{N\lambda}{2\beta}$ dieses Summanden entsprechen die „Hauptmaxima" des Streifensystems, die also (wenigstens bei kleinen y) an denselben Stellen liegen wie im Falle einfacher Reflexion. Darüber gelagert sind aber, veranlaßt durch den Summanden $4\varrho^{2(p+1)}\sin^2\pi\frac{2x\beta}{\lambda}(p+1)$, je nach dem Werte von p mehr oder weniger ausgeprägte „Nebenmaxima" an den Stellen $x = \frac{1}{p+1}\frac{N\lambda}{2\beta}$; zwischen je zwei Hauptmaxima liegen p-Nebenmaxima. Diese Nebenmaxima werden um so bedeutungsloser, je mehr Reflexionen mitsprechen, je größer also ϱ ist. Bei der üblichen Behandlung des Problems trägt man dieser Tatsache dahingehend Rechnung, daß man in der oben angegebenen Formel $p \to \infty$ annimmt und dann als genäherten Ausdruck für die Intensität erhält:

$$J = \frac{1}{(1-\varrho^2)^2 + 4\varrho^2\sin^2\pi\frac{2x\beta}{\lambda}}.$$

Die Nebenmaxima verschwinden dann ganz, es bleiben nur die Hauptmaxima an denselben Stellen wie bei Berücksichtigung einfacher Reflexion. Ein wesentlicher Unterschied gegen diesen Fall besteht jedoch darin, daß im letzteren Falle die Helligkeitsverteilung sinusförmig, daher die Lage der Maxima unsicher definiert ist. Im Gegensatz dazu liefert die Berechnung der Intensität nach obiger Formel für die Vielfachreflexion bei großem ϱ eine beiderseits der Maxima sehr rasch abfallende Intensität (Abb. 27), also scharfe, schmale Interferenzstreifen, die die Lage der Maxima für Meßzwecke sicher definieren. Aus diesem Grunde wird für Meßzwecke nach Möglichkeit immer mit hochreflektierenden Verspiegelungen gearbeitet.

Verringert man den Keilwinkel stetig zu Null, wobei man etwa $SL \sin\beta = e$ konstant hält, so geht der Keil im Grenzfall über in die für die Meßtechnik wichtige planparallele Luftplatte mit dem Plattenabstand e. Der oben erwähnte Kreis größter Schärfe der Interferenzerscheinung geht

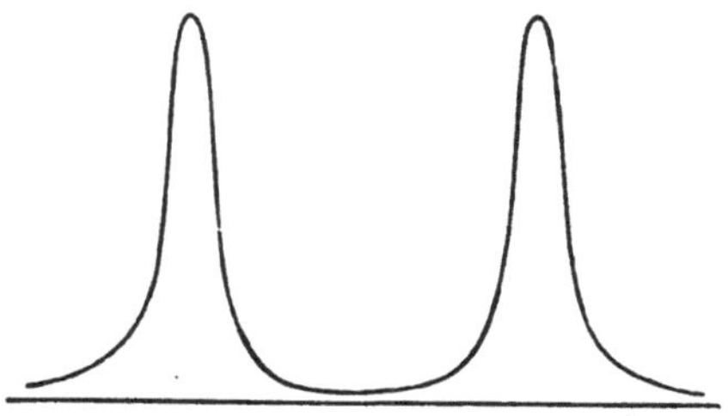

Abb. 27

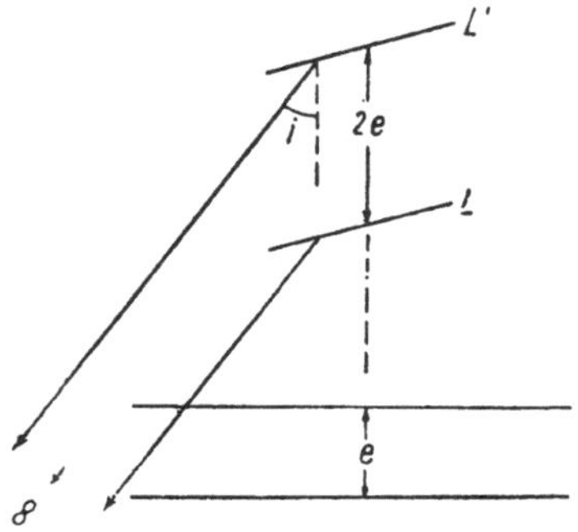

Abb. 28

dabei in die unendlich fernen Punkte aller von L ausgehenden (durch die Größe der Platte natürlich auf einen begrenzten Winkelraum beschränkten) Richtungen über. Man beobachtet also die Interferenzerscheinung bei der planparallelen Platte mit einem auf ∞ eingestellten Fernrohr. Dabei zeigt sich ein prinzipieller Unterschied gegen den Keil. Berechnet man nämlich den Wegunterschied der zu einem Punkt der Lichtquelle L gehörigen Strahlen bei Vereinigung in ∞ (Abb. 28), so findet man diesen wegen der Parallelität von L und L' als unabhängig von der Lage des betrachteten Punktes auf L, und zwar gleich $2e \cos i$, wenn i der Einfallswinkel ist. Dies bedeutet, daß man bei der planparallelen Platte[1] bei Vereinigung in ∞ die Lichtquelle beliebig groß machen kann, ohne daß die Schärfe der Interferenzerscheinung darunter leidet. Beim Keil gilt das, wie schon oben auseinandergesetzt, nicht, da hier L' gegen L noch um 2β gedreht ist. Da der Wegunterschied für alle unter dem Winkel i einfallenden Strahlen derselbe ($= 2e \cos i$) ist, bestehen die Interferenzstreifen in den Durchschnitten der Kegelflächen vom Öffnungswinkel $2i$ mit der Brennebene, also bei Visur in Richtung der Plattennormalen in konzentrischen Kreisen; man nennt diese „Interferenzringe gleicher Neigung“ oder „HAIDINGERsche Ringe“. Kennt man den Gangunterschied eines bestimmten Ringes $= N$, so findet man durch Messung des i, d. h. des halben Winkeldurchmessers des Ringes, die Plattendicke aus

$$2e \cos i = N\lambda,$$

oder wegen der Kleinheit von i hinreichend genau aus

$$e = \frac{N\lambda}{2}\left(1 + \frac{i^2}{2}\right) = N\frac{\lambda}{2}\left(1 + \frac{d^2}{8}\right)$$ [2] (d = Durchmesser).

Es soll jetzt noch kurz der angedeutete geometrische Nachweis für den Kreis als Ort größter Schärfe der Interferenzerscheinung beim Keil nachgeholt werden. Im Beobachtungspunkt B gehört zum Punkt P der Lichtquelle L der Wegunterschied $W = BP' - BP$ (Abb. 29 a); für einen anderen Punkt P_1 ist der Wegunterschied $W_1 = BP_1' - BP_1$. W wird im allgemeinen je nach der Größe von PP_1 von W_1 verschieden sein, d. h. es wird in B zu einer Verwischung der Interferenz-

[1]) und ganz allgemein bei allen mit planparallelen Platten arbeitenden Anordnungen.

[2]) Die Berücksichtigung der mehrfachen Reflexionen bringt wieder, wie beim Keil, eine Verschärfung und damit günstigere Meßbedingungen der Interferenzringe mit sich, deren Lage sonst aber (hier in Strenge) unverändert bleibt.

erscheinung kommen. Liegt aber B auf dem Kreis durch S, P und P', so ist wegen $\sphericalangle SPB = \sphericalangle SP'B$ auch $\sphericalangle BPP_1 = \sphericalangle BP'P_1'$. Bringt man daher BP mit BP' in Richtung zur Deckung (Abb. 29b), so wird $L \parallel L'$, W ist jetzt $P'B - PB = P'P$, $W_1 = P_1'B - P_1B$. Bei genügender Kleinheit von PP_1 (Beschränkung der Größe der Lichtquelle) ist aber W_1 nur wenig von $P_1P_1' = PP' = W$ verschieden, die Gangdifferenz der in B zusammentreffenden Strahlenpaare unterliegt daher nur geringen Schwankungen, die Schärfe wird hier am wenigsten beeinträchtigt; freilich, wie bemerkt, nur bei hinreichender Verkleinerung der Lichtquelle, während diese bei der planparallelen Platte bei Vereinigung in ∞ beliebig groß sein kann. Der Grenzübergang zur unendlich entfernten Lichtquelle — Einfall ebener Wellen — gibt die „mittlere Wellenebene" als Ort größter Schärfe der Interferenzstreifen. Statt der Größe der Lichtquelle ist hier ein gewisser Winkelbereich der ebenen einfallenden Wellen zu betrachten.

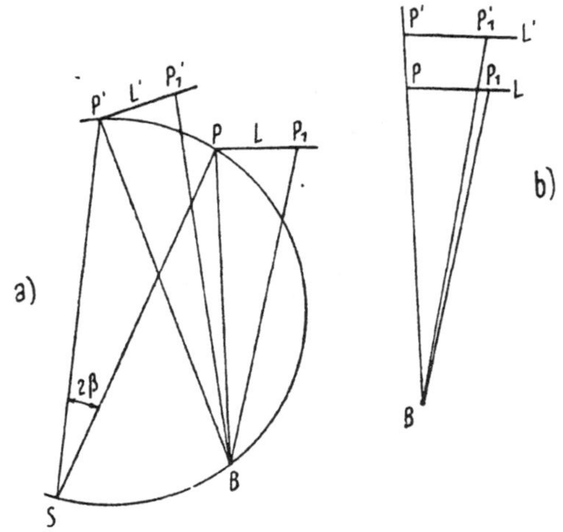

Abb. 29

Da für die bei allen Interferenzerscheinungen auftretenden Intensitäten die Anzahl der im Gangunterschied enthaltenen Wellenlängen verantwortlich ist, hängen die Streifensysteme von der Wellenlänge (Farbe) des Lichtes ab, insbesondere ist die Streifenbreite von der Wellenlänge abhängig. Verwendet man daher Licht verschiedener Spektrallinien gleichzeitig, so treten, da das Licht der verschiedenen Farben als inkohärent nicht interferenzfähig ist, alle Streifensysteme gleichzeitig auf, wobei es an einzelnen Stellen zu allen möglichen Mischfarben kommen kann. Von besonderem Interesse sind nun die Erscheinungen, die bei Verwendung von weißem, alle Spektralfarben enthaltendem Licht, auftreten[1]). Davon gibt der FRESNELsche Spiegelversuch am raschesten einen Einblick. Die Interferenzstreifen sind hier praktisch gerade äquidistante Linien; der Abstand der Linien ist den Wellenlängen proportional. Auf der Geraden des Gangunterschiedes Null (d.h. auf der Mittelnormalen der beiden virtuellen Lichtquellen) liegt für alle Wellenlängen eine helle Linie. Für die verschiedenen Farben ergibt sich daher die in Abb. 30 (Tafel) angedeutete Streifenanordnung, die man sich natürlich übereinanderliegend vorstellen muß. Man erkennt dann, daß in einer gewissen Entfernung von der Geraden $g = 0$ von den Streifen nichts mehr zu sehen sein wird, da sich hier alle Farben überdecken und zu Weiß zusammensetzen. Nur in unmittelbarer Umgebung der Stelle $g = 0$ wird eine streifenförmige Färbung auftreten, insbesondere wird die Stelle $g = 0$ selbst in diesem Streifensystem durch rein weiße Färbung (achromatischer Streifen) hervortreten, da hier und nur hier die Helligkeitsmaxima für sämtliche Wellenlängen übereinander liegen. Man kann daher auch umgekehrt schließen: Tritt bei Verwendung weißen Lichtes in irgendwelchen Interferenzerscheinungen ein Streifensystem auf, so bezeichnet der darin gelegene achromatische Mittelstreifen die Stelle des Gangunterschiedes Null. Auf der Anwendung dieses Satzes beruhen alle Interferenzkomparatoren zur Messung größerer Längen, die mit weißem, kontinuierlichem Licht arbeiten.

[1]) Es zeigt sich in diesem Falle, daß man in voller Übereinstimmung mit der Erfahrung bleibt, wenn man die Gesamterscheinung aus den den einzelnen Wellenlängen entsprechenden Streifensystemen additiv (d. h. natürlich auch hinsichtlich der Mischfarbe) zusammensetzt.